普通高等教育"十一五"国家级规划教材
国家精品课程主干教材

基础材料力学

（第二版）

主　编　王春香

副主编　徐忠海

参　编　王　兵　解维华　王　军

科学出版社

北　京

内 容 简 介

本书是第一届国家精品课程建设成果之一,是国家"十一五"规划教材建设项目,是哈尔滨工业大学材料力学教研室全体教师多年教学经验与教学实践的总结。本教材的特点是:采用以应力、应变分析为主线的教材体系,使教材结构更加严谨、系统性更强。采用此教材体系的目的在于加强力学基础,强化应力、应变分析,重点阐述力学分析的一般方法;贯彻少而精的原则,减少重复罗列,突出共性,将问题性质、分析方法相同的内容归在同一章讨论,使各部分内容融会贯通,重点突出;注重启发式教学,为学生留有充分的学习思维空间。

本书包括绪论、杆件的内力分析、应力状态分析与应变状态简介、材料的力学性能、杆件横截面上的应力分析、杆件的变形计算、强度理论、杆件的强度与刚度设计,以及压杆的稳定等九章内容。

本书可以作为高等院校工科各专业(学习中、少学时材料力学)的教科书,也可作为有关工程技术人员的参考书。

图书在版编目(CIP)数据

基础材料力学/王春香主编. —2 版. —北京:科学出版社,2017.3
普通高等教育"十一五"国家级规划教材·国家精品课程主干教材
ISBN 978-7-03-051389-2

Ⅰ.①基… Ⅱ.①王… Ⅲ.①材料力学-高等学校-教材 Ⅳ.①TB301

中国版本图书馆 CIP 数据核字(2017)第 000338 号

责任编辑:朱晓颖/责任校对:郭瑞芝
责任印制:赵 博/封面设计:迷底书装

科 学 出 版 社 出版
北京东黄城根北街 16 号
邮政编码:100717
http://www.sciencep.com

北京厚诚则铭印刷科技有限公司印刷
科学出版社发行 各地新华书店经销
*
2007 年 8 月第 一 版 开本:B5(720×1000)
2017 年 3 月第 二 版 印张:14 1/4
2025 年 1 月第十二次印刷 字数:300 000

定价:49.00 元
(如有印装质量问题,我社负责调换)

第二版前言

本书第一版于 2007 年出版,是普通高等教育国家级"十一五"规划教材,也是哈尔滨工业大学材料力学(首批国家精品课程)的主干教材之一,被国内多所院校选用。经过多年的使用,综合教师与学生的反馈意见,编者修订出版了第二版。

第二版继承了第一版的体系与风格,仍然以应力应变分析为主线,从章节划分到内容归类,遵循从共性到个性、从一般到特殊的论述宗旨。在保证课程内容体系完整、满足课程基本要求的前提下,删减了部分内容,由第一版的十章改为九章,使得教材内容更加精简,教材结构更加合理。

考虑到互联网的广泛应用,第二版在纸质教材之外,还增加了数字化资源,包括课堂教学所用 PPT,构件基本变形三维动画,课后习题详解参考,重点内容微课程视频,扩展阅读内容;同时考虑到应用现代计算技术的能力已成为工程技术人员应具备的基本素质之一,数字化资源中加入了 MATLAB 软件应用简介、部分例题与习题的 MATLAB 计算程序等内容。这些资源为师生的教与学提供了方便。读者扫描书中的二维码,即可学习数字资源中与之匹配的相关内容。

另外,本书还配有习题解答参考和电子课件,读者可访问 http://www.sciencereading.cn,选择"网上书店",检索图书名称,在图书详情页"资源下载"栏目中获取。

参加本书编写的有王军、解维华、王兵、徐忠海、王春香,并由王春香担任主编,徐忠海担任副主编。

哈尔滨工业大学的张少实教授(首届国家教学名师)和胡恒山教授对本书编写提出了许多建设性意见,哈尔滨工业大学材料力学团队的教师对教材编写给予了大力支持,在此一并致谢。

由于编者水平有限,书中难免存在不足之处,敬请读者指正。

编　者
2017 年 1 月

第一版前言

哈尔滨工业大学材料力学课程，经过多年的建设，在许多方面取得了有意义的成果，被评为第一届国家精品课程。本书是国家精品课程建设成果之一，是国家"十一五"规划教材建设项目，是哈尔滨工业大学材料力学教研室全体教师多年教学改革、教学经验与教学实践的总结。

课程建设的首要工作是对课程教学内容和课程体系的改革，本书是根据我国高等教育和教学改革的发展趋势，以及社会对人才所具有能力和潜质的要求，结合工程中的设计理念、分析计算手段及后续课程的变革，在对课程体系及课程内容进行了相应改革及实践的基础上形成的。本书是针对中、少学时课程编写的，根据基础力学与工程中各个领域密切相关，以及目前毕业生就业面宽，跨学科、跨专业就业比例增大的特点，加强基础力学的学习，增强力学工程概念，有利于毕业生跨学科、跨领域发展。编写本书的主导思想是，改变过去对少学时力学课程的认识，认为开少学时课的专业只对力学知识有一定了解即可，因此许多内容都是只给出结果而没有必要推导，只介绍概念而缺少加深巩固基本理论概念的措施，只注意公式介绍与应用而忽视学生创新能力必备素质的培养。在编写本书的过程中，从培养学生的创新精神出发，加强必要的理论推导，使学生掌握力学基本分析方法，引入更多的工程实际问题，通过解决实际问题，巩固力学基本概念，培养学生自主学习能力，去逐渐达到创新的目的。具体体现在以下几个方面。

采用以应力、应变分析为主线的教材体系，使结构更加严谨，系统性更强。采用此教材体系的目的在于加强力学基础，强化应力应变分析，重点阐述力学分析的一般方法。

改变以基本变形分章，各章都要讨论内力、应力、变形和强度、刚度计算的传统体系，贯彻少而精的原则，减少重复罗列，突出共性，将问题性质、分析方法相同的内容归在同一章讨论，使各部分内容融会贯通，且重点突出。例如，杆件的内力分析其共性就是使学生熟练掌握"截面法"、内力分量的正负号规定及内力图的绘制，因此，内力分析单独归为一章，并从一般的复杂内力分析到简单内力分析，重点强化"截面法"；将构件的强度、刚度计算内容合并，一并归入杆件失效与设计内容之中，重点突出工程设计中常规的静力学设计方法。其他内容同样按这一理念进行组织介绍。

书中为学生留有充分的学习空间，在讲述完必要的理论基础后，提出一些问题，留给学生去思考，用已学过的知识去解决这些问题，为培养学生的综合能力、创新能力提供相应的条件。另外,书中还编入了部分带"＊"号内容,供教师根据不同专业、不同学时选讲,或作为学生的自学内容,以便于扩充他们的知识面,培养他们独立获取知识的能力。

全书统一了坐标系统,避免了坐标系正负方向经常变更的弊端。根据坐标方向引入正面、负面概念,内力与应力正负符号规定完全根据选定的坐标来定义,这样兼顾了其他课程(理论力学、弹性力学、数学、物理等)选取坐标系的习惯,有利于使用计算机进行分析计算。

书中大部分图形是用计算机绘制的立体感强、透明性好的二维或三维图形,这些图形形象、直观、逼真,更接近于工程实际,扩充了对材料力学知识的表述方式,增强了学生对理论知识的理解力。

本书包括绪论、杆件的内力分析、应力状态分析、应变状态分析、材料的力学性能、杆件横截面上的应力分析、杆件的变形计算、强度理论、杆件的强度与刚度设计及压杆的稳定共 10 章内容。

本书由王春香教授、张少实教授、哈跃副教授编写,书中大部分图形由哈跃老师在计算机上绘制。

哈尔滨工业大学杜善义院士多年在材料力学教研室任教,始终关心教学改革,详细审阅了本书初稿,提出了宝贵的修改意见,编者表示诚挚的谢意。本书编写过程中,得到哈尔滨工业大学材料力学课程许多同志的支持和帮助,谨此致谢。

书中不足之处,敬请同行及读者指正。

此教材由"哈尔滨工业大学优秀团队支持计划资助"。

编　者

2007 年 5 月

主要符号表

A	截面面积,弯曲中心	p	压力(压强),全应力
a	间距	P	功率
b	截面宽度	q	分布载荷集度
C	截面形心	r、R	半径
d、D	直径	S	静矩
e	偏心距	T	扭矩
E	弹性模量	u	比能(应变比能),位移
F	集中力	u_f	形状应变比能
F_{Ax}、F_{Ay}、F_{Az}	A 处的约束力分量	u_v	体积应变比能
F_{bs}	挤压力	U	应变能(变形能)
F_{cr}	临界力	v	挠度
F_N	轴力	$[v]$	许用挠度
F_S、F_{S_y}、F_{S_z}	剪力、剪力分量	V	体积
F_u	极限载荷	W_z	抗弯截面模量
F_x、F_y、F_z	力在 x、y、z 方向上的分量	W_t	抗扭截面模量
$[F]$	许用载荷	γ	切应变
G	切变模量	δ	伸长率(延伸率)、厚度
GI	杆的抗扭刚度	ε	线应变
h	截面高度	ε_e	弹性应变
i	惯性半径	ε_p	塑性应变
I	惯性矩	ε_u	极限线应变
I_p	极惯性矩	θ	体积应变、梁的弯曲转角
I_{xy}	惯性积	$[\theta]$	许用转角
K	弹簧刚度	λ	压杆的柔度(长细比)
l、L	长度、跨度	μ	压杆的长度系数
m	分布力偶	ν	泊松比
M、M_y、M_z	弯矩、弯矩分量	ρ	曲率半径
M_e	外力偶矩	σ	正应力
n	安全系数,转速(r/min)	$\sigma_{0.2}$	名义屈服极限
n_{st}	稳定安全系数	σ_b	抗拉强度极限

σ_{bc}	抗压强度极限	$[\sigma_{bs}]$	许用挤压应力
σ_{bs}	挤压应力	$[\sigma_c]$	许用压应力
σ_c	压应力	$[\sigma_{st}]$	稳定许用应力
σ_{cr}	临界应力	$[\sigma_t]$	许用拉应力
σ_e	弹性极限	τ	切应力
σ_m	平均应力	τ_b	剪切强度极限
σ_p	比例极限	τ_s	剪切屈服极限
σ_r	相当应力,径向应力	τ_u	极限切应力
σ_s	屈服点(屈服极限)	$[\tau]$	许用切应力
σ_t	拉应力	ϕ	扭转角
σ_u	极限正应力	φ	单位扭转角
σ_θ	环向应力	ψ	截面收缩率
$[\sigma]$	许用正应力		

常用角标

bs	挤压	p	塑性
c	压缩	r	相当,径向
cr	临界	s	屈服
e	外,弹性	st	稳定
m	平均	t	拉伸
max	最大	u	极限
min	最小	θ	环向

目　　录

第 1 章　绪　　论

　　材料力学的研究对象和分析问题的方法与理论力学是不完全相同的,理论力学主要研究质点和质点系以及刚体和刚体系,而材料力学主要研究变形体。材料力学除理论分析外,往往需要在实验的基础上做出假设,进行简化计算。材料力学主要是对构件进行力学方面的设计,使其达到预期的使用功能,即研究构件的强度、刚度和稳定性。

1.1　变形固体及其基本假设

1.1.1　变形固体

　　各种工程结构(机械结构、土木结构、航空航天结构等)都由若干零件、部件、元件组成。例如,机床是由主轴、齿轮、传动轴、床身等零、部件组成,房屋由梁、柱、板等组成。工程结构的各个组成部分统称为结构构件,简称**构件**。

　　构件根据其几何形状及各个方向的尺寸大小,大致分为如下四类:

　　杆——一个方向的尺寸远大于另外两个方向的尺寸。轴线是直线为直杆(图1-1(a)),轴线是曲线为曲杆(图 1-1(b))。

　　板——一个方向的尺寸远小于另外两个方向的尺寸,且中面为平面(图1-1(c))。

　　壳——一个方向的尺寸远小于另外两个方向的尺寸,且中面为曲面(图1-1(d))。

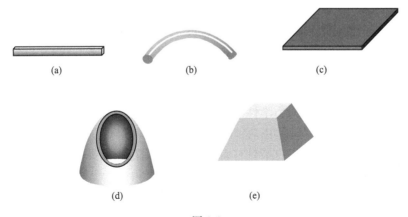

图 1-1

块——三个方向的尺寸基本相同(图 1-1(e))。

材料力学主要研究杆状构件(杆件),且以直杆为主,或由直杆组成的折杆。

工程中制作构件的材料种类繁多,但都为固体。任何固体受力后其内部各个质点均产生相对运动,各个质点位置相对其初始位置都有一个改变,称为**位移**。由于各点的位移,使固体的形状、尺寸发生改变,这种改变称为**变形**。因此,所有的固体材料统称为**变形固体**。

1.1.2 变形固体的基本假设

固体材料的结构组成一般是复杂的,不同材料其微观结构不同,而材料力学研究问题的范畴属于宏观研究,因此,根据变形固体的主要性质作出某些假设,使得分析和计算更加方便简单。

1. 连续性假设

认为物体整个体积内毫无空隙地充满了物质。实际上,工程材料的内部都有不同程度的空隙,如粒子之间的空隙、材料中的微观缺陷和杂质,但这些空隙、缺陷和杂质与构件的尺寸相比非常微小,可以忽略。由于这种连续性假设,构件内因受力而产生的内力和变形都将是连续的,这有利于建立数学模型和用数学方法进行分析。

2. 均匀性假设

认为从物体内任意位置取出一部分,不论体积大小,其力学性质完全相同。实际上,一般的工程材料都有不同程度的非均匀性。例如,金属材料,多为两种或两种以上元素组成,不同元素晶粒的力学性质并不完全相同。但构件的尺寸远大于晶粒的尺寸,且为数极多的晶粒又无序排列,所以从统计平均值的观点考虑,可假设材料是均匀的。

3. 各向同性假设

认为物体在各个不同方向上均具有相同的力学性能。这种材料称为**各向同性材料**。当然这也是从宏观上考虑的。传统的金属材料,由许多晶粒组成,就单一晶粒来说,不同方向力学性质不同,但金属材料中包含许许多多晶粒,其排列也是不规则的,因此它们的统计平均性质在各个方向就趋于一致了。

另有一些材料,不同方向力学性能不同,这样的材料为**各向异性材料**。例如,木材、竹材在纵横两个方向力学性能是不同的。特别近几十年来,在航空、航天、通信、能源等领域广泛使用一些由两种以上互不相熔材料通过一定方式组合而成的新型材料,即复合材料,也是各向异性材料。本书的研究范围主要是各向同性材料。

1.2　弹性变形　塑性变形　小变形

在载荷作用下,物体发生变形。当载荷除去时变形随之消失,这种变形称为**弹**

性变形。当载荷除去时,有一部分变形随之消失(弹性变形),但仍有一部分是不能消失的变形,这部分变形称为**塑性变形**或**永久变形**。

当载荷去掉后能完全恢复原状的物体称为**理想弹性体**。实际上,并不存在这种物体,但由实验可知,常用工程材料,如金属、木材等,当外力不超过某一限度时,很接近于理想弹性体,且力和变形成正比(线性)关系,这样的弹性体称为**线性弹性体**,简称**线弹性体**。

工程中大多数构件,在载荷作用下,其变形与构件本身的尺寸相比是很微小的,我们称之为**小变形**,本书的研究范围仅限于小变形。这样我们在研究构件或构件任一部分的平衡时,可用构件变形前的原始尺寸进行计算。例如,图 1-2 为一端固支的直梁,梁长为 l,在 B 端受载荷 F 作用后,梁变形为曲线 $\overset{\frown}{AB'}$,小变

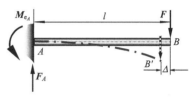

图 1-2

形量为 Δ。若符合小变形条件,则 Δ 必然远远小于 l,在求其约束力偶时可忽略 Δ 的影响,仍按梁原始长度 l 建立平衡条件,求得 $M_{eA}=Fl$。若 Δ 不很小时,则为大变形问题,Δ 的影响不可忽略,这时的固端约束力偶应为 $M_{eA}=F(l-\Delta)$。在材料力学中主要研究小变形问题。

1.3 强度 刚度 稳定性

任何机械或建筑物都是由许多构件组成的。要想使机械或建筑物按预期的目标正常工作,对它的每一个构件都要有一定的要求,力学上的最基本要求如下:

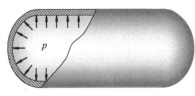

图 1-3

1. 强度要求

要求构件受力后不发生破坏,既不能断裂也不能发生明显的塑性变形。例如,图 1-3 所示受内压的薄壁容器,工作时不能允许因容器的破坏而爆炸。图 1-4 所示简易起吊装置,工作时吊索不能断裂,滑轮轴不能有明显的塑性变形。将构件抵抗破坏的能力称为**强度**。

2. 刚度要求

要求构件受力后的变形不能太大。例如,图 1-5 所示齿轮轴,齿轮正常啮合情况如图 1-5(a)所示。如果轴的变形过大,将导致齿轮产生局部啮合不良的情况,如图 1-5(b)所示,不能正常工作。因此要求构件具有足够的抵抗变形的能力,构件抵抗变形的能力,称为**刚度**。

图 1-4

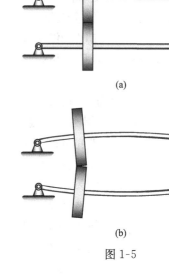

(a)

(b)

图 1-5

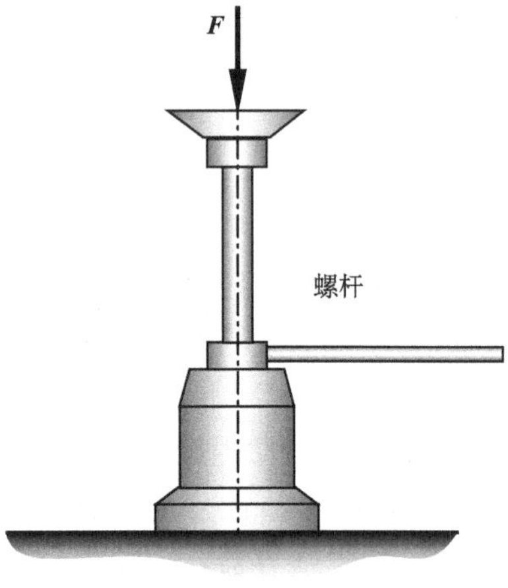

3. 稳定性要求

要求构件具有保持原有平衡形式的能力,即具有稳定性。例如,图 1-6 所示千斤顶的螺杆,在轴向压力作用下,必须始终保持直线形式的平衡状态,才能保证正常工作。一旦从直线的形式突然弯曲,我们说螺杆丧失了稳定性,简称失稳。

综上所述,要构件保持正常工作,必须具有足够的强度、刚度与稳定性。当然不同的受力构件要求也是不同的,有些只需满足其一或其二。材料力学就是在充分研究构件在外力作用下的变形及破坏规律的基础上,为达到构件预期的使用目的,而提供最经济、合理的设计方案(这包括选择合适的材料、合理的截面形状和构件的尺寸等)

读者可扫描二维码,通过微课程的学习,加深理解材料力学的任务。

理论分析、实验技术和计算手段是解决材料力学问题最基本的方法。随着计算机技术的发展和大型通用力学软件给工程设计带来的变革,使用某种软件进行力学计算的能力,是工程技术人员所具有的基本素质之一。扫描二维码可以了解科学计算软件"MATLAB"的编程基本操作。

图 1-6

第 2 章 杆件的内力分析

构件工作时受到外力作用,其内部相邻各部分之间便产生相互作用力,这就是内力。某一截面上的内力连续分布在该截面的各个点上,杆件横截面上的内力,是横截面上各点的分布力向截面形心(形心的概念见附录 A)简化后的合力与合力矩。任意横截面上的内力,都可用截面法求得。

2.1 内力 截面法

2.1.1 内力的概念

构件工作时,总要受到力的作用,例如,相邻的其他构件施加给该构件的作用力、作用在构件上的载荷、构件自重和支座约束力等,这些力都属于外力。由于外力的作用,构件发生变形,其内部各点发生相对运动,从而产生相互作用的附加力,这种附加力反映出材料对外力有抗力,并能将外力进行传递。这种由外力引起的构件内相邻两部分之间的相互作用力称为**内力**。截面上的内力是连续分布在截面上的,一般情况下是非均匀分布的。构件横截面上的内力,是指横截面上的分布力向截面形心简化而得到的主矢与主矩,或者是主矢、主矩的分量。

2.1.2 截面法

图 2-1 所示的构件,在任意载荷作用下,确定横截面 m-m 上的内力。根据平衡原理,构件在外力作用下若保持平衡,则从构件上截取出任意部分(截成两部分中的任一部分、截出的一微段、含某点截出的微元等)也必须是平衡的。因此,可沿截面 m-m 将构件截开为 I 和 II 两部分,见图 2-1(a),任取一部分,例如,取部分 I 为研究对象。部分 II 作用于部分 I 的内力,连续分布在截面 m-m 上,见图 2-1(b),其向截面形心简化为主矢 $\boldsymbol{F}_R$ 和主矩 $\boldsymbol{M}$(图 2-1(b))。主矢和主矩沿坐标轴 x、y、z 方向的分量称为**内力分量**。图 2-1(c)中,主矢分量为 $\boldsymbol{F}_N$、$\boldsymbol{F}_{S_y}$ 和 $\boldsymbol{F}_{S_z}$,主矩分量为 $\boldsymbol{T}$、$\boldsymbol{M}_y$ 和 $\boldsymbol{M}_z$。六个内力分量,由保留部分的六个独立平衡方程,可以求解出全部的内力分量,这就是求内力的**截面法**。截面法也可用于其他的力学分析中。

内力分量 $\boldsymbol{F}_N$ 称**轴力**,$\boldsymbol{F}_{S_y}$ 和 $\boldsymbol{F}_{S_z}$ 称为**剪力**,$\boldsymbol{T}$ 称为**扭矩**,$\boldsymbol{M}_y$ 和 $\boldsymbol{M}_z$ 称为**弯矩**。构件在某些特定外力作用下,或某些特殊横截面上,六个内力分量中可能有某些为零。根据内力分量的性质,杆件变形可分为如下四种基本形式:

1) 轴向拉伸或压缩。在轴力 $\boldsymbol{F}_N$ 的作用下,杆件将产生轴向伸长或缩短。

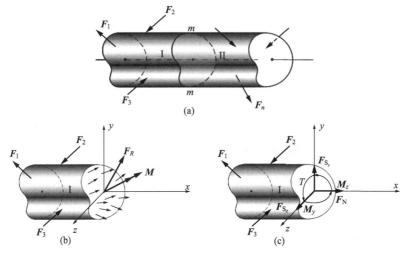

图 2-1

2）剪切变形。在剪力 F_{S_y} 或 F_{S_z} 的作用下，杆件各截面发生相对错动。

3）扭转变形。在扭矩 T 的作用下，杆件各截面绕轴线发生相对转动。

4）弯曲变形。在弯矩 M_y 或 M_z 的作用下，使杆件的曲率发生变化，例如，由直杆变成曲杆。

2.1.3　内力正负号规定

用截面法求内力时，沿待求内力的截面将杆分为两部分，可取任意一部分为研究对象，例如，图 2-1 中，可取左边第 I 部分为研究对象，也可取右边第 II 部分为研究对象。根据作用反作用定律，I、II 两部分在 $m-m$ 截面上的内力，必然大小相等、方向相反。若仍按理论力学中力的正负号规定，取 I、II 两不同部分，所得 $m-m$ 截面上的内力符号相反。然而无论以哪部分为研究对象，所求得的都是截面 $m-m$ 上的内力，所以内力的大小和符号都应该相同。为此，今后规定：**外法线沿着坐标正方向的截面为正面**（图 2-1(c)所示的 $m-m$ 截面为正 x 面），**反之为负面。正面上力矢（矩矢）方向与坐标正方向相同的内力分量为正，反之为负；负面上力矢（矩矢）方向与坐标负方向相同的内力分量为正，反之为负**。图 2-1(c)所示的内力分量均为正。

读者扫描二维码，通过微课程的学习，明确内力的概念和截面法。

2.2　轴向拉压杆的轴力　轴力图

当外力合力的作用线沿着杆的轴线时，杆件将沿轴线方向发生伸长或缩短，这样的变形称为**轴向拉伸**或**压缩**。例如,图 2-2(a)中所示的汽缸活塞杆、图 2-2(b)所示支架中的杆①均发生轴向拉伸变形,图 2-2(b)中的杆②发生轴向压缩变形。

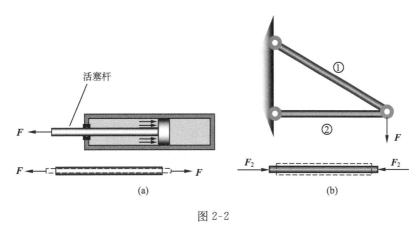

图 2-2

利用截面法可以确定轴向拉(压)杆的内力,由于外力均沿杆的轴线,因此,横截面上只有轴力。一般情况下,不同截面轴力是不同的,表示轴力随截面位置而变化的图形称为**轴力图**。

例 2-1　杆件的受力如图 2-3(a)所示,试画出其轴力图。

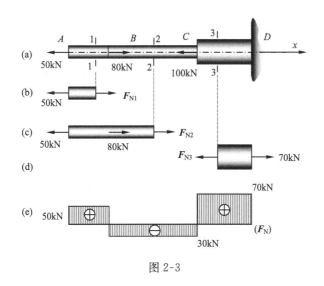

图 2-3

解　(1) 求约束力
由杆的整体平衡求出支座 D 处的约束力

$$F_D = 70 \text{ kN(方向向右)}$$

（2）分段求内力

由杆的受力看出，各段杆的内力是不同的，应在外力作用的截面分段求内力，此杆可分为 AB、BC、CD 三段。

对 AB 段，根据截面法，在 AB 段的任意位置用一假想截面1-1，将杆分为两部分，保留其中左部分（受力简单部分）为研究对象，去掉的右半部分对左半部分的作用以内力代替，根据平衡的需要，内力分量只有轴力，按正方向假设（图 2-3(b)）。由保留部分的平衡方程

$$\sum F_x = 0, \quad F_{N_1} - 50 = 0$$

求出　　　　　　　　　　　　$F_{N_1} = 50 \text{ (kN)}$

同理，由分离体图图 2-3(c)、图 2-3(d) 的平衡方程可求出 BC、CD 两段的轴力

$$F_{N_2} = -30 \text{ kN}, \quad F_{N_3} = 70 \text{ kN}$$

（3）画轴力图

以轴线为基准线，按一定的比例，正的轴力画在上方，负的轴力画在下方，画出杆 AD 的轴力图，如图 2-3(e) 所示。

2.3　轴的扭矩　扭矩图

杆件在矩矢沿轴线方向的外力偶矩作用下，杆的任意两横截面绕轴线发生相对转动，这种变形称为**扭转**。以扭转变形为主的构件称为轴，例如，图 2-4(a) 中的汽车导向轴 AB，图 2-4(b) 中攻丝用丝锥的锥杆。汽车导向轴 AB 的受力及变形如图 2-4(c) 所示。此外，工程机械中的各类传动轴，都以扭转变形为主。

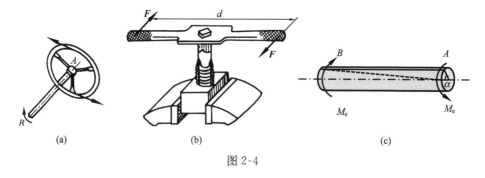

（a）　　　　　　　　　　（b）　　　　　　　　　　（c）

图 2-4

工程机械中大多数传动轴往往都是已知轴的转速 $n(\text{r/min})$ 与所传递的功率 $P(\text{W})$，由理论力学知 $P = M_e \omega = M_e \cdot \dfrac{2\pi n}{60}$，则作用于轴上的外力偶矩 M_e 可用下

式计算：

$$M_{\mathrm{e}} = \frac{30P}{n\pi}(\mathrm{N} \cdot \mathrm{m})$$

或　　　　　　　　$$M_{\mathrm{e}} = 9549\frac{P_{\mathrm{k}}}{n} \quad (\mathrm{N} \cdot \mathrm{m}) \qquad (2\text{-}1)$$

其中，P_{k} 以 kW(千瓦)为单位。

在矩矢方向沿着杆的轴线的外力偶矩作用下，轴的横截面上只有一个内力分量，即扭矩 T，同样可由截面法确定。

例 2-2　变截面轴受力如图 2-5 (a)所示，$M_{\mathrm{e}}=3\mathrm{kN} \cdot \mathrm{m}$，要求画出轴的扭矩图。

解　(1)分段求内力。根据轴的受力情况，分 AB、BD 两段求内力。应用截面法，分别取出分离体如图 2-5 (b)所示。

由两个分离体的平衡方程

$$\sum M_x = 0$$

求出两段的扭矩分别为

$$T_1 = M_{\mathrm{e}} = 3\mathrm{kN} \cdot \mathrm{m}$$

$$T_2 = -6M_{\mathrm{e}} = -18\mathrm{kN} \cdot \mathrm{m}$$

(2)画扭矩图。画出扭矩图如图 2-5(c)所示。

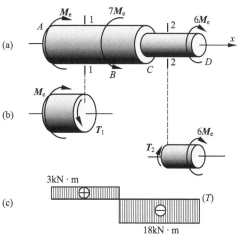

图 2-5

2.4　弯曲内力　剪力图与弯矩图

在工程实际中，受弯曲的构件很多。例如，图 2-6 所示的火车轮轴，图 2-7 所示的吊车大梁，图 2-8 所示的跳板等。它们共同的特点是承受垂直于其轴线的外力(有时还有矩矢垂直于轴线的力偶)。在这些外力作用下，杆的轴线由直线变为曲线，这种变形称为**弯曲变形**。以弯曲变形为主的杆件称为**梁**。

工程中常见的梁，其横截面至少有一根对称轴，见图 2-9。各个横截面的对称轴组成一个包含轴线的纵向对称面(图 2-10)，当所有的外力都作用在该对称面内时，梁的轴线将弯成对称平面内的一条平面曲线，这种弯曲称为**平面弯曲**。本书主要讨论平面弯曲。

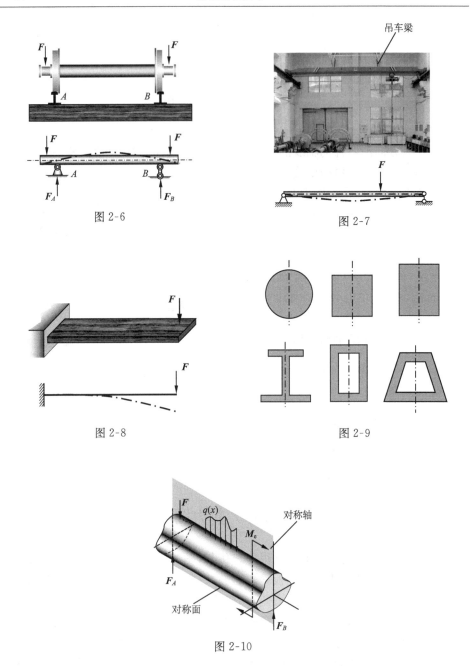

图 2-6

图 2-7

图 2-8

图 2-9

图 2-10

平面弯曲静定梁主要分为三类：一个固定铰链，一个活动铰链，且分别支撑在梁的两个端点，如图 2-7，称为**简支梁**；梁的一端或两端伸出支座之外，如图 2-6，称为**外伸梁**；一端固定约束，一端自由，如图 2-8，称为**悬臂梁**。

2.4.1　梁的剪力与弯矩　剪力图与弯矩图

求解梁的内力仍然用截面法。以图 2-11(a)所示的简支梁为例,计算距左端为 x 的 1-1 横截面上的弯曲内力。

首先根据梁的整体平衡求得约束力

$$F_A = \frac{3}{8}ql, \quad F_B = \frac{ql}{8}$$

沿横截面 1-1 截开,取左段为研究对象,分离体如图 2-11(b)所示,由分离体的平衡条件可知,截面上有垂直轴线与截面相切的内力分量,称为**剪力**,用 $\boldsymbol{F}_{S_y}$ 表示。还有在 xy 平面内矩矢垂直轴线的力偶矩,称为**弯矩**,用 $\boldsymbol{M}_z$ 来表示。图中的剪力和弯矩都是按正方向假设的。

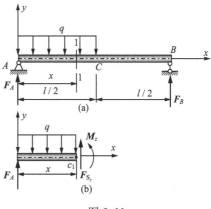

由分离体的平衡方程

$$\sum F_y = 0$$

$$\sum M_{c_1} = 0 \text{（}c_1 \text{ 为 1-1 截面形心）}$$

图 2-11

得出

$$F_{S_y} = qx - F_A = qx - \frac{3}{8}ql$$

$$M_z = F_A x - \frac{q}{2}x^2 = \frac{3}{8}qlx - \frac{q}{2}x^2$$

根据所得结果看出:截面上的剪力值等于作用在该截面任一侧梁上横向力的代数和;截面上的弯矩值等于作用在该截面任一侧梁上的外力向截面形心取矩的代数和(各个外力所产生内力的正、负号,读者可自己找出规律。也可描二维码,学习掌握这种规律。此规律也称"截面规则")。

剪力和弯矩都是截面位置 x 的函数

$$F_{S_y} = F_{S_y}(x), \quad M_z = M_z(x)$$

分别称之为**剪力方程**与**弯矩方程**。将剪力方程与弯矩方程分别用图形表示出来,分别称为**剪力图**与**弯矩图**。

例 2-3　梁的受力如图 2-12(a)所示,要求画出梁的剪力图与弯矩图。

解　(1) 求约束力。根据整体平衡方程得到约束力

$$F_A = \frac{7}{4}F, \quad F_B = \frac{1}{4}F$$

(2) 分段列剪力方程和弯矩方程。根据梁的受力情况,外力有变化的截面两侧内力方程是不同的,此梁需分 AC、CD、DB 三段分别列内力方程。

AC 段,由分离体图 2-12(b)的平衡方程,得到该段的剪力方程和弯矩方程

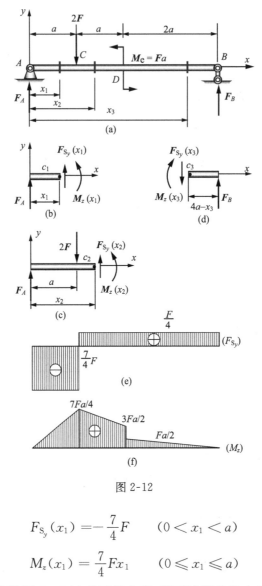

图 2-12

$$F_{S_y}(x_1) = -\frac{7}{4}F \qquad (0 < x_1 < a)$$

$$M_z(x_1) = \frac{7}{4}Fx_1 \qquad (0 \leqslant x_1 \leqslant a)$$

CD 段,由分离体图 2-12(c)的平衡方程,得到该段的剪力方程和弯矩方程

$$F_{S_y}(x_2) = \frac{1}{4}F \qquad (a < x_2 \leqslant 2a)$$

$$M_z(x_2) = \frac{7}{4}Fx_2 - 2F(x_2 - a) \qquad (a \leqslant x_2 < 2a)$$

DB 段,由分离体图 2-12(d)的平衡方程,得到该段的剪力方程和弯矩方程

$$F_{S_y}(x_3) = \frac{1}{4}F \qquad (2a \leqslant x_3 < 4a)$$

$$M_z(x_3) = \frac{1}{4}F(4a - x_3) \qquad (2a < x_3 \leqslant 4a)$$

（3）画剪力图和弯矩图。根据各段的剪力方程和弯矩方程画出梁的剪力图和弯矩图如图 2-12(e)(f)所示。由图可见最大剪力发生在 AC 段的各横截面上，最大弯矩发生在 C 截面，其值分别为

$$|F_{S_y}|_{max} = \frac{7}{4}F, \quad M_{zmax} = \frac{7}{4}Fa$$

由剪力图看出，**在集中力作用的截面两侧剪力有一突变，突变值等于集中力的大小**；由弯矩图看出，**在集中力偶作用的截面弯矩有一突变，突变值等于集中力偶的大小。**

例 **2-4**　图 2-13(a)所示的简支梁承受均布载荷作用，载荷集度为 q，梁的长度为 l，试画梁的 F_{S_y}、M_z 图。

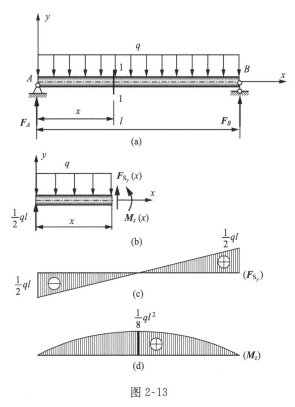

图 2-13

解　（1）求约束力。

$$F_A = F_B = \frac{ql}{2}$$

（2）列内力方程。很显然，由于载荷无突变，梁的剪力和弯矩各用一个函数表

达式来描述。由分离体图 2-13(b)的平衡得到内力方程如下:

$$F_{S_y}(x) = -\frac{ql}{2} + qx \qquad (0 < x < l) \qquad\qquad (a)$$

$$M_z(x) = \frac{ql}{2}x - \frac{q}{2}x^2 \qquad (0 \leqslant x \leqslant l) \qquad\qquad (b)$$

(3) 画 F_{S_y}、M_z 图。由式(a)看出,剪力方程是线性的,求出梁两个端截面的剪力值即可作 F_{S_y} 图如图 2-13(c)所示。由式(b)可见,弯矩图为一抛物线。将式(b)对 x 求导数,并令其为零

$$\frac{\mathrm{d}M_z(x)}{\mathrm{d}x} = \frac{ql}{2} - qx = 0 \qquad\qquad (c)$$

由此求得弯矩有极值的截面位置为 $x = l/2$,将其代入式(b),得弯矩的极大值

$$M_{z\max} = ql^2/8$$

画出的弯矩图如图 2-13(d)所示。

2.4.2　载荷、剪力及弯矩间的关系

由前面的例 2-4 可见,将弯矩方程 $M_z(x)$ 对 x 求导数所得的式(c)与剪力方程式(a)只差一负号。若将剪力方程 $F_{S_y}(x)$ 对 x 求导数,就得到载荷集度的负值。这种关系是普遍存在的。下面导出 $q(x)$、$F_{S_y}(x)$ 及 $M_z(x)$ 之间的微分关系。

在图 2-14(a)所示的梁上,受有向上的(正的)分布载荷及图示的集中力、集中力偶。从有分布载荷作用的梁段内取出一微段 $\mathrm{d}x$,其受力情况如图 2-14(b)所示。因梁整体平衡,这一微段也必满足平衡条件

$$\sum F_y = 0,$$
$$q(x)\mathrm{d}x - F_{S_y}(x) + F_{S_y}(x) + \mathrm{d}F_{S_y}(x) = 0$$
$$\sum M_C = 0, \quad -M_z(x) + F_{S_y}(x)\mathrm{d}x - q(x)\mathrm{d}x\frac{\mathrm{d}x}{2} + M_z(x) + \mathrm{d}M_z(x) = 0$$

略去二阶微量,化简后得
$$\frac{\mathrm{d}F_{S_y}(x)}{\mathrm{d}x} = -q(x) \qquad\qquad (2\text{-}2)$$

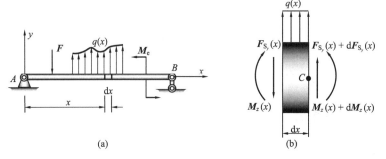

(a)　　　　　　　　　　　　　　(b)

图 2-14

$$\frac{\mathrm{d}M_z(x)}{\mathrm{d}x} = -F_{S_y}(x) \tag{2-3}$$

$$\frac{\mathrm{d}^2 M_z}{\mathrm{d}x^2} = -\frac{\mathrm{d}F_{S_y}}{\mathrm{d}x} = q(x) \tag{2-4}$$

这种关系对于梁的内力分析、作 F_{S_y}、M_z 图以及建立梁的切应力计算公式都有重要意义。

在作用集中力 F 的截面附近,假想截出长为 Δx 的微段,如图 2-15 所示,由 $\sum F_y = 0$ 可得出 $\Delta F_{S_y} = F$,即集中力左、右两个截面剪力的突变值为集中力 F 的大小。同理可证,在集中力偶作用截面的左、右两侧弯矩有一突变,突变值的大小为集中力偶 M_e 的大小。

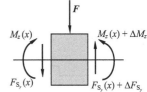

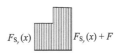

图 2-15

由上述关系,外力与剪力图和弯矩图之间的几何关系就很明显。

1)q、F_{S_y}、M_z 图的线型依次递高一次,由式(2-2)、式(2-3)可见,若 q 为零(无分布载荷),F_{S_y} 图将为水平线,而 M_z 图则为斜直线;若 q 图为水平线(均布载荷),则 F_{S_y} 图为斜直线,而 M_z 图为二次曲线。依此类推。

2)M_z 图的凹向同 q 的指向一致,由式(2-4)可见,当 q 指向上方时,q 值为正,$\mathrm{d}^2 M_z(x)/\mathrm{d}x^2 > 0$,$M_z$ 图线将凹向上;反之,q 指向下方时,M_z 图线将向下凹曲。在 $F_{S_y} = 0$ 的截面,M_z 图有极值。

3)集中力作用截面,F_{S_y} 图有突变,突变值等于集中力的值,M_z 图上有折点;集中力偶作用截面,M_z 图有突变,突变值等于集中力偶的值,F_{S_y} 图连续。

例 2-5　试画图 2-16(a)所示梁的 F_{S_y}、M_z 图。

解　(1)求约束力。

$$F_A = \frac{qa}{4}, \quad F_B = \frac{3}{4}qa$$

(2)分段。按梁的受力情况分为 AC、CB 两段。

(3)求端值(用"截面规则")。直接求各段左、右两端横截面上的剪力、弯矩值,并列出表 2-1(熟练后可不必列表,直接将端值标在基准线上)。

表 2-1

段别	AC		CB	
截面	$A_{右}$	$C_{左}$	$C_{右}$	$B_{左}$
F_{S_y}	$-qa/4$	$3qa/4$	$3qa/4$	$3qa/4$
M_z	0	$-qa^2/4$	$3qa^2/4$	0

(4) 绘图线（用微分关系）。标出端值后,利用本节中所述的 q、F_{S_y}、M_z 图图形上的几何关系绘出 F_{S_y}、M_z 图的图线,如图 2-16(b)(c)所示。其中,AC 段内 F_{S_y} $=0$ 的截面,很容易由 F_{S_y} 图的几何关系求出距 A 截面为 $a/4$,该截面弯矩的极值为 $qa^2/32$。

读者扫描二维码,去学习用计算机求解本例题的 MATLAB 程序。

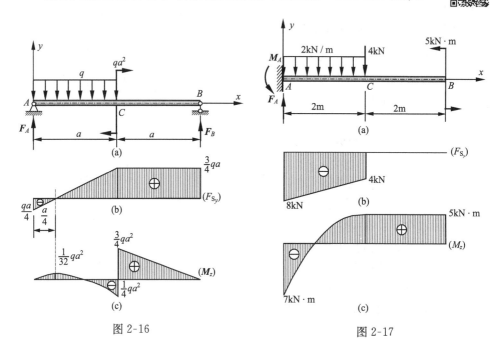

图 2-16

图 2-17

例 2-6　画图 2-17(a)所示悬臂梁的 F_{S_y}、M_z 图。

解　(1) 求约束力。

$$F_A = 8 \text{ kN}, \quad M_A = 7\text{kN} \cdot \text{m}$$

(2) 分段。本梁分 AC、CB 两段。

(3) 求端值。各端截面值直接标在图上。

(4) 绘图线。由 q、F_{S_y}、M_z 图间的微分关系连线,见图 2-17(b)(c)。
读者扫描二维码,可学习求解此例题的 MATLAB 程序。

以上在求构件各截面的内力中,是根据弹性小变形假设,按构件变形前的初始尺寸进行计算的,所以构件在多个外力作用时,各外力引起的内力互不相关(约束力、变形等也互不相关),随各外力按线性变化。因此,可以分别计算每一个外力引起的内力(约束力、变形),然后进行叠加(求代数和),得到所有外力共同作用的结果。这种计算原理称为**叠加原理**。读者可应用叠加原理画出例 2-6 所示梁的弯矩图。

扫描二维码学习用叠加原理画剪力图、弯矩图。

习　　题

2-1　试求习题 2-1 图示各杆 1-1、2-2 及 3-3 截面上的轴力,并作轴力图。

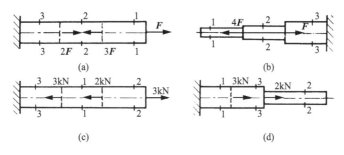

习题 2-1 图

2-2　画出如习题 2-2 图所示各杆的扭矩图。

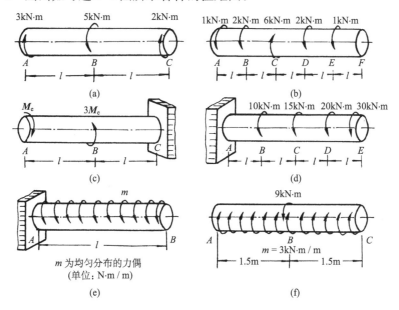

习题 2-2 图

2-3　试求习题 2-3 图示各梁中指定截面(标有细线者)上的剪力及弯矩,并画出剪力图、弯矩图。其中 1-1、2-2、3-3 截面无限接近于截面 B 或截面 C。

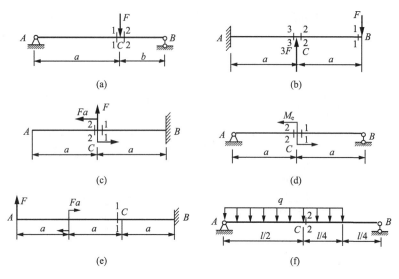

习题 2-3 图

2-4　试列出习题 2-4 图示各梁的剪力方程及弯矩方程,并作剪力图和弯矩图。

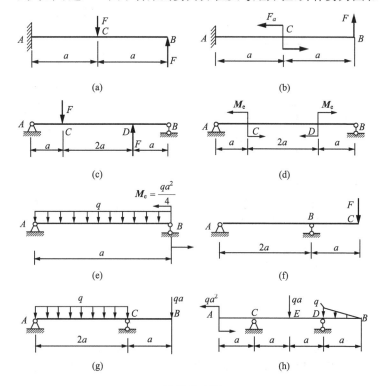

习题 2-4 图

2-5　梁受力如习题 2-5 图,利用 q、F_{S_y} 及 M_z 间的微分关系作 F_{S_y}、M_z 图。

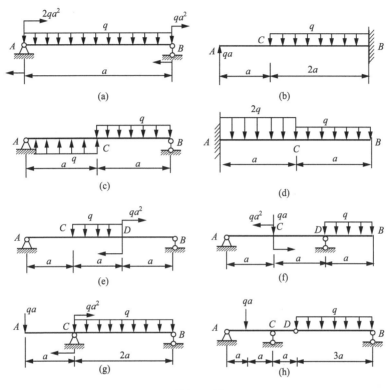

习题 2-5 图

2-6　已知简支梁的弯矩图如习题 2-6 图所示。试作该梁的剪力图和载荷图。

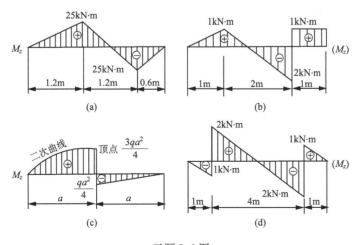

习题 2-6 图

2-7　试利用载荷、剪力和弯矩间的关系检查习题 2-7 图所示剪力图和弯矩图,并将错误处加以改正。

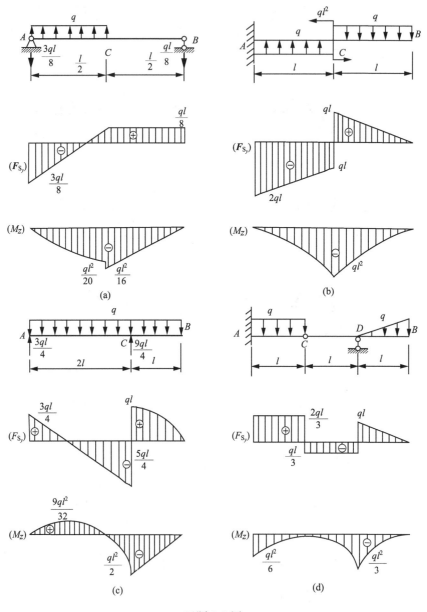

习题 2-7 图

第3章　应力状态分析与应变状态简介

构件受力后,不同截面内力是不同的,即使在同一截面上,不同点内力分布集度也不同,将内力在截面上某点的分布集度称为该点的应力。同一点不同方向面上应力的大小一般也是不同的,过一点所有方向面上应力的集合称为一点的应力状态。确定一点各方向面上应力之间的关系,确定一点应力的极大、极小值及其方向,即为应力状态分析。

物体在外力作用下整体发生变形,而这一整体变形是由每一个点的变形累加而成,将一点的变形称为应变。一点仍用微元体来表示,微元体棱边的伸长或缩短称为线应变,两相互垂直微线段直角的改变量称为切应变。通常一点的应变由 6 个独立的应变分量来表示,平面变形问题独立应变分量为 3 个,本章只简单介绍平面应变的概念及相关公式。

3.1　应力的概念

通过观察大量的破坏构件及实验分析发现,构件通常都是在某一个截面上的某一个点先发生破坏,该点往往也是受力最大的点。虽然在第 2 章中介绍了内力的概念,并由"截面法"求得了内力的大小,但这仅仅是截面上分布内力的合力(合力或合力偶),它并没有说明这一分布力系在截面上的分布规律。一般情况下,内力在截面上分布是不均匀的,即同一截面上各点的受力程度和方向是各不相同的。因此,要研究构件的破坏(强度),必须研究内力在截面上各点的密集程度,即"集度"。我们将内力在截面上的分布集度称为**应力**。

图 3-1(a)所示为受力物体,现考察其 *I-I* 截面(法线平行 x 轴)上点 B 的应力。为此,围绕点 B 取一微小面积 ΔA,假设微面积 ΔA 上的微合力为 $\Delta \boldsymbol{F}$(图 3-1(b)),则比值

$$\bar{\boldsymbol{p}} = \frac{\Delta \boldsymbol{F}}{\Delta A}$$

称为 ΔA 上的**平均应力**。当 ΔA 趋向无穷小时,极限值

$$\boldsymbol{p} = \lim_{\Delta A \to 0} \frac{\Delta \boldsymbol{F}}{\Delta A}$$

称为点 B 的**全应力**。将全应力 $\boldsymbol{p}$ 向截面的法线方向(x 方向)和切线方向分解,得到两个应力分量。沿法向的应力分量称为**正应力**,用 σ_x 表示。沿切向的应力分量

称为**切应力**,用 τ_x 表示(图 3-1(c)),角标 x 表示截面的法线方向。切应力 τ_x 再向 y、z 两坐标方向分解,得两个切应力分量 τ_{xy} 和 τ_{xz},如图 3-1(c)所示。在变形固体力学中,应力可写为通用形式 σ_i 和 τ_{ij},i 代表应力所在截面的法线方向,j 代表切应力的方向。

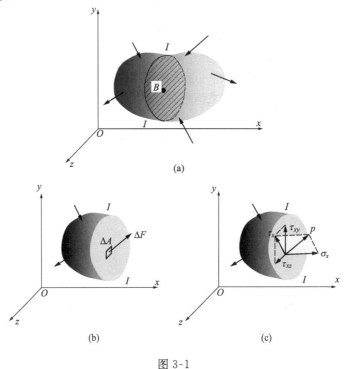

图 3-1

应力的单位为 Pa,工程上常用 MPa 和 GPa。1 Pa=1 N/m², 1 MPa=10^6 Pa, 1GPa=10^9 Pa。

3.2 　轴向拉压杆的应力

3.2.1 　横截面上的应力

轴向拉、压杆横截面上的内力分量只有轴力 $\boldsymbol{F}_N$。轴力 $\boldsymbol{F}_N$ 在横截面上是如何分布的? 为此,先观察杆件的变形(扫描二维码,可观看拉伸变形动画)。在图 3-2(a)所示杆的侧面上画出垂直于轴线的直线段 ab 和 cd,两线段所在的横截面为平面,然后加拉力 $\boldsymbol{F}$ 使杆发生拉伸变形。发现 ab 和 cd 在杆变形后仍垂直轴线,只是平行移动到 $a'b'$ 和 $c'd'$,变形后的横截面仍为平面,两横截面间所有纵向(轴线方向)线段伸长量相同,见图 3-2(b)。由于材料是均匀的,由此可以推断杆的横截面上只有垂直于截面的正应力,而且各点受力均相同,见图 3-2 (c)。若杆的横截面面积为 A,则横截面上的正应力为

$$\sigma_x = \frac{F_N}{A} \tag{3-1}$$

上式对于压缩也适用(可扫描二维码,观看压缩变形动画)。式(3-1)中 F_N 为正时,σ_x 也为正值,为拉应力;反之为压应力。

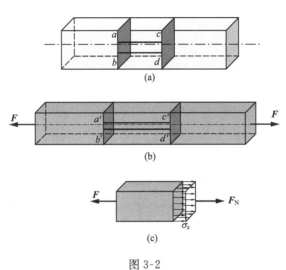

图 3-2

应该指出,在载荷作用点附近截面上,正应力均匀分布的结论有时是不成立的,这和加载方式有关。但是,实验研究表明,杆件的加载方式不同,只对力作用点附近截面上的应力分布有影响,受影响的长度不超过杆的横向尺寸。这一论断称为**圣维南原理**。扫描二维码,通过相应的图片,理解圣维南原理。

3.2.2　斜截面上的应力

为解决构件的强度问题,需对任意其他方向截面上的应力有一全面了解。为此,用任意斜截面 m-m 将杆件切开(图 3-3(a)),由左段的平衡求出斜截面上的轴力 $F_{N_\alpha}=F$(图 3-3(b))。仿照推断横截面上正应力的方法,推断出斜截面上的全应力 p_α 也是均匀分布的,即

$$p_\alpha = \frac{F_{N_\alpha}}{A_\alpha} \tag{a}$$

式中,A_α 为斜截面的面积,与横截面的面积 A 有下列关系:

$$A_\alpha = \frac{A}{\cos\alpha} \tag{b}$$

将式(b)代入式(a),并注意到 $F_{N\alpha}=F=F_N$,可得

$$p_\alpha = \frac{F}{A}\cos\alpha = \sigma_x\cos\alpha \tag{c}$$

将全应力 p_α 沿截面的法向及切向分解(图 3-3(c)),得应力分量的大小

$$\sigma_{x'} = \sigma_x\cos^2\alpha \tag{3-2}$$

$$\tau_{x'y'} = \frac{\sigma_x}{2}\sin 2\alpha \tag{3-3}$$

应力正、负号规定见下节。

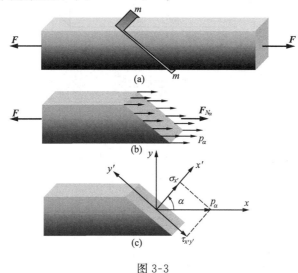

图 3-3

由上两式看出,受拉、压杆斜截面上既有正应力又有切应力。它们都是截面方位角 α 的函数,截面方位不同,应力也不同。

当 $\alpha = 0°$ 时　　$\sigma_{x'}\Big|_{\alpha=0°} = \sigma_{max} = \sigma_x,$　　　$\tau_{x'y'}\Big|_{\alpha=0°} = 0$ 　　(d)

当 $\alpha = 45°$ 时　　$\sigma_{x'}\Big|_{\alpha=45°} = \frac{\sigma_x}{2},$　　　$\tau_{x'y'}\Big|_{\alpha=45°} = \tau_{min} = -\frac{\sigma_x}{2}$ 　(e)

当 $\alpha = -45°$ 时　　$\sigma_{x'}\Big|_{\alpha=-45°} = \frac{\sigma_x}{2},$　　　$\tau_{x'y'}\Big|_{\alpha=-45°} = \tau_{max} = \frac{\sigma_x}{2}$ 　(f)

当 $\alpha = 90°$ 时　　$\sigma_{x'}\Big|_{\alpha=90°} = 0,$　　　$\tau_{x'y'}\Big|_{\alpha=90°} = 0$ 　　(g)

由式(d)~式(f)可知,轴向拉伸时,正应力的最大值在横截面上,而此面上切应力为零。切应力的最大值在 $-45°$ 的斜面上,最小值在 $+45°$ 的斜面上。纵截面上无任何应力。

3.3　一点的应力状态　切应力互等定理

上节的分析表明,过一点不同方向面上的应力是不同的,只要知道某些面上的应力后,其他面上的应力都可以由此来确定。例如,上节中,只要知道横截面上的正应力 σ_x,其他面上的应力都可由式(3-2)、式(3-3)求出,同时还可求出应力的极值。

过一点所有不同面上应力的集合,称为**一点的应力状态**。用平衡的方法,分析过一点不同方向面上应力间的相互关系,确定应力的极大和极小值以及它们的作用面,即为**应力状态分析**。

为表示一点的应力状态,一般是围绕该点取一微小六面体,当六面体三个方向的尺寸趋于无穷小时,便趋于这个点。这时的六面体称为**微元体**或**单元体**。受拉伸的杆,沿横向和纵向切出的微元体如图 3-4 所示。

对于受力比较复杂的构件,通常所取出的微元体各面上都有应力,且每一面上同时有三个应力分量,一个法向正应力,两个切向切应力。相平行的一对截面实际上是同一个截面的两个侧面(外法线方向相反)。因此,应力大小相等,方向相反。一点处应力状态的一般描述如图 3-5 所示。

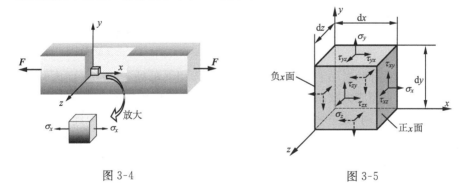

图 3-4　　　　　　　　　　　　　　　　图 3-5

为明确表示每一个面,特用截面的法线方向来命名这个面(例如,法线为 x 的面称为 x 面),并且外法线方向沿着坐标轴正方向的面为"正面",外法线方向沿着坐标轴负方向的面为"负面",如图 3-5 所示。

为方便,也为与其他力学书籍中的符号统一,定义**在正面上沿坐标轴正向的应力和负面上沿坐标轴负向的应力为正号,反之为负号**。按这一应力符号规定,图 3-5 中所示全部应力都是正的。请读者结合图 3-3(c)中 $\sigma_{x'}$ 和 $\tau_{x'y'}$ 的方向(实际方向),给式(3-2)、式(3-3)加上正、负号。进一步理解上节式(f)、式(e)中最大、最小切应力 $\tau_{\max}$、$\tau_{\min}$ 的确定。

一点应力状态的一般情况(也称空间应力状态),可用下列的 9 个应力分量来确定:

$$\begin{matrix} \sigma_x & \tau_{xy} & \tau_{xz} \\ \tau_{yx} & \sigma_y & \tau_{yz} \\ \tau_{zx} & \tau_{zy} & \sigma_z \end{matrix} \tag{a}$$

下面将证明,这 9 个分量中,只有 6 个是独立的。设图 3-5 中的微元尺寸分别为 $\mathrm{d}x$、$\mathrm{d}y$ 和 $\mathrm{d}z$。由平衡方程 $\sum M_z = 0$,得到

$$\tau_{xy} \times \mathrm{d}y\mathrm{d}z \times \mathrm{d}x = \tau_{yx} \times \mathrm{d}x\mathrm{d}z \times \mathrm{d}y$$

即
$$\tau_{xy} = \tau_{yx} \tag{3-4}$$

与上面相似,由 $\sum M_x = 0$ 和 $\sum M_y = 0$,有

$$\begin{cases} \tau_{zy} = \tau_{yz} \\ \tau_{xz} = \tau_{zx} \end{cases} \tag{3-4'}$$

以上分析表明,作用在两互相垂直面上,且其方向垂直于两面交线的切应力分量必定大小相等($\tau_{ij} = \tau_{ji}$),方向同时指向或同时背向两面的交线。此结论在应力分析中很重要。这一结论也称为**切应力互等定理**。因此,式(a)中的 9 个应力分量只有 6 个是独立的。

扫描二维码,通过微课程加深理解应力及一点应力状态的概念。

3.4 平面应力状态分析的解析法

当微元体只有两对面上承受应力且所有力作用线都处于同一平面内时,这种应力状态称为**平面应力状态或双轴应力状态**。其一般形式如图 3-6 所示。

当 $\sigma_x = \sigma_y = 0$ 时,是一种特殊的平面应力状态(图 3-7),也称为**纯剪切应力状态**。当图 3-6 中 $\tau_{xy} = 0$,且只有一个方向有正应力作用时(图 3-8),为**单向应力状态或单轴应力状态**(也是平面应力状态的特殊情况)。

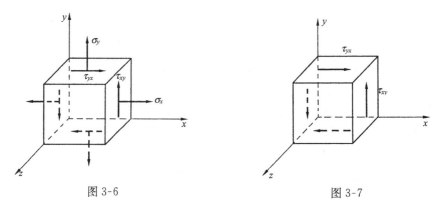

图 3-6   图 3-7

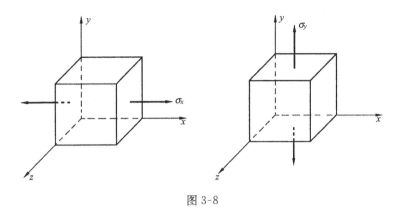

图 3-8

3.4.1　任意斜截面上的应力

设构件内某点处于平面应力状态,如图 3-9(a)所示,且 σ_x、σ_y 及 τ_{xy} 均为已知。现讨论与 z 轴平行的任意斜截面上的应力。

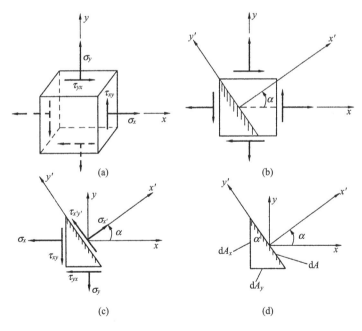

图 3-9

过给定点用外法线 x' 与 x 轴的夹角为 α 的斜截面在微元体中截取一分离体并考虑其平衡(图 3-9(b)(c))。图 3-9(c)中,x' 和 y' 分别为斜截面的外法线方向和切线方向，$\sigma_{x'}$ 和 $\tau_{x'y'}$ 分别为斜截面上的正应力和切应力。角度 α 为 x 轴旋转至截面外法线的方向角，按三角学中规定，逆时针旋转为正，反之为负。假定斜截面面积为 dA（图 3-9(d)）。

由平衡条件 $\sum F_{x'}=0$ 和 $\sum F_{y'}=0$，得

$$\sigma_{x'}dA - \sigma_x dA_x\cos\alpha - \sigma_y dA_y\sin\alpha - \tau_{xy}dA_x\sin\alpha - \tau_{yx}dA_y\cos\alpha = 0$$

$$\tau_{x'y'}dA + \sigma_x dA_x\sin\alpha - \sigma_y dA_y\cos\alpha - \tau_{xy}dA_x\cos\alpha + \tau_{yx}dA_y\sin\alpha = 0$$

式中，dA 为保留部分斜截面的面积；dA_x、dA_y 分别为与 x、y 轴相垂直的两截面面积。注意 $dA_x = dA\cos\alpha$，$dA_y = dA\sin\alpha$，$\tau_{xy} = \tau_{yx}$，故上两式简化为

$$\sigma_{x'} = \sigma_x\cos^2\alpha + \sigma_y\sin^2\alpha + 2\tau_{xy}\cos\alpha\sin\alpha \tag{a}$$

$$\tau_{x'y'} = -(\sigma_x - \sigma_y)\cos\alpha\sin\alpha + \tau_{xy}(\cos^2\alpha - \sin^2\alpha) \tag{b}$$

利用三角函数关系

$$\cos^2\alpha = \frac{1}{2}(1 + \cos2\alpha),\ \sin^2\alpha = \frac{1}{2}(1 - \cos2\alpha)$$

$$2\cos\alpha\sin\alpha = \sin2\alpha$$

式(a)和式(b)简化为

$$\sigma_{x'} = \frac{\sigma_x + \sigma_y}{2} + \frac{\sigma_x - \sigma_y}{2}\cos2\alpha + \tau_{xy}\sin2\alpha \tag{3-5}$$

$$\tau_{x'y'} = -\frac{\sigma_x - \sigma_y}{2}\sin2\alpha + \tau_{xy}\cos2\alpha \tag{3-6}$$

式(3-5)和式(3-6)即为平面应力状态下，任意斜截面的正应力及切应力计算公式。

若将式(3-5)和式(3-6)中的 α 用 $\alpha+90°$ 置换（图 3-10），有

$$\sigma_{x''} = \frac{\sigma_x + \sigma_y}{2} - \frac{\sigma_x - \sigma_y}{2}\cos2\alpha - \tau_{xy}\sin2\alpha \tag{c}$$

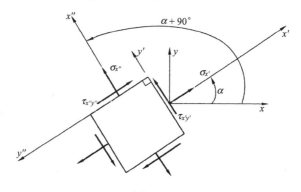

图 3-10

$$\tau_{x''y''} = -\left(-\frac{\sigma_x - \sigma_y}{2}\sin2\alpha + \tau_{xy}\cos2\alpha\right) \tag{d}$$

由式(3-5)与式(c)相加,有　　　　　　$\sigma_{x'} + \sigma_{x''} = \sigma_x + \sigma_y$ 　　　　　　(3-7)

即平面应力状态下,过一点互相垂直的两个截面上正应力之和为一常量。由式
(3-6)与式(d)比较,有 $\tau_{x''y''} = -\tau_{x'y'}$,再次证明了切应力互等定理。

3.4.2　主应力和主平面　主切应力和主切平面

由式(3-5)和式(3-6)可知,斜截面上的应力分量是方位角 α 的连续函数,因而
必存在极值,这也是我们所关心的。

1. 主应力和主平面

$\sigma_{x'}$ 的极值将出现在 $\dfrac{\mathrm{d}\sigma_{x'}}{\mathrm{d}\alpha} = 0$ 的截面上

$$\frac{\mathrm{d}\sigma_{x'}}{\mathrm{d}\alpha} = -(\sigma_x - \sigma_y)\sin2\alpha + 2\tau_{xy}\cos2\alpha = 0$$

或　　　　　　　　　　$-\dfrac{\sigma_x - \sigma_y}{2}\sin2\alpha + \tau_{xy}\cos2\alpha = 0$

此式与式(3-6)比较,有 $\tau_{x'y'} = 0$,即切应力等于零的面正应力达极值。称切应力等
于零的面为**主平面**,正应力的极值为**主应力**。

由上式解得主平面方位角 α_σ 的表
达式

$$\tan2\alpha_\sigma = \frac{2\tau_{xy}}{\sigma_x - \sigma_y} \tag{3-8}$$

在 0 到 2π 范围内,上式应有两个解,分
别为 $\alpha_{\sigma'}$ 和 $\alpha_{\sigma''}$,它们之间相差 $90°$,说明
主平面互相垂直,其上主应力用 σ' 和 σ''
表示(图 3-11)。

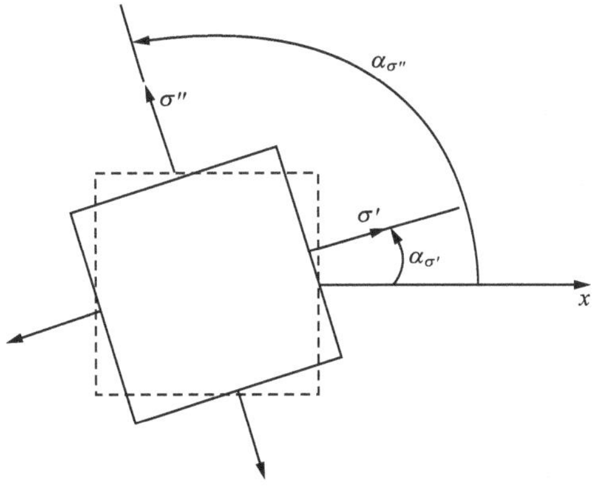

图 3-11

将式(3-8)代入下列三角关系式

$$\sin2\alpha = \pm\frac{1}{\sqrt{1 + \cot^2 2\alpha}}$$

$$\cos2\alpha = \pm\frac{1}{\sqrt{1 + \tan^2 2\alpha}} \tag{e}$$

再代回到式(3-5),简化后,即得主应力的表达式

$$\left.\begin{matrix}\sigma'\\\sigma''\end{matrix}\right\} = \frac{\sigma_x + \sigma_y}{2} \pm \sqrt{\left(\frac{\sigma_x - \sigma_y}{2}\right)^2 + \tau_{xy}^2} \tag{3-9}$$

主应力 σ'、σ'' 是与 z 轴平行的所有截面中正应力的最大、最小值,而非单元体

的最大、最小正应力,所以也称**面内主应力**。

由主平面的定义,微元体(图3-11)上没有切应力作用的平面(z 平面)也是一对主平面,其上主应力 $\sigma''' = 0$。从以上的分析推知,对一般的应力状态,有三个互相垂直的主平面,三个主平面上的主应力分别表示为 σ_1、σ_2 和 σ_3。习惯上将它们按代数值的大小排列,即 $\sigma_1 \geqslant \sigma_2 \geqslant \sigma_3$。应力状态也可按如下分类:**三个主应力只有一个不等于零时,称单轴应力状态**(图 3-8)。**两个主应力不等于零时,称平面应力状态**(图 3-11)。**三个主应力都不为零时称空间应力状态**。

2. 主切应力和主切平面

在所有平行于 z 轴的一组平面内切应力的极值称为主切应力,其作用面为主切平面。同主应力的推导类似,令

$$\frac{\mathrm{d}\tau_{x'y'}}{\mathrm{d}\alpha} = 0$$

即

$$-\frac{\sigma_x - \sigma_y}{2}2\cos 2\alpha - 2\tau_{xy}\sin 2\alpha = 0$$

或

$$\frac{\sigma_x - \sigma_y}{2}\cos 2\alpha + \tau_{xy}\sin 2\alpha = 0 \tag{f}$$

由此式得到主切平面的方位角 α_τ 的表达式

$$\tan 2\alpha_\tau = -\frac{\sigma_x - \sigma_y}{2\tau_{xy}} \tag{3-10}$$

将上式代入式(e)后,再代回式(3-6),简化后,即得主切应力的表达式

$$\left.\begin{array}{c}\tau' \\ \tau''\end{array}\right\} = \pm\sqrt{\left(\frac{\sigma_x - \sigma_y}{2}\right)^2 + \tau_{xy}^2} \tag{3-11}$$

由式(f),并利用式(3-5)可知,主切平面上的正应力恒为平均应力

$$\sigma_{\mathrm{m}} = \frac{\sigma_x + \sigma_y}{2}$$

需要指出的是,上述主切应力是与 z 轴平行的所有截面中切应力的两个极值,而非单元体的极值,所以也称**面内主切应力**。

3. 主切应力与主应力间的关系

由式(3-9)与式(3-11)可得,主切应力与主应力间的关系

$$\left.\begin{array}{c}\tau' \\ \tau''\end{array}\right\} = \pm\frac{\sigma' - \sigma''}{2} \tag{3-12}$$

由式(3-8)和式(3-10)看出,两个正切互为倒数且符号相反。因此 $2\alpha_\sigma$ 和 $2\alpha_\tau$ 两个角相差 $90°$,α_σ 和 α_τ 相差 $45°$,即主切平面与主平面相差 $45°$(图 3-12),经判断

$$\alpha_{\tau'} = \alpha_{\sigma'} - 45°$$

$$\alpha_{\tau''} = \alpha_{\sigma'} + 45°$$

(3-13)

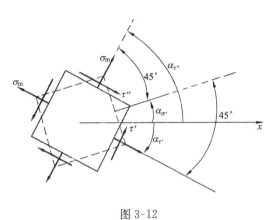

图 3-12

　　例 3-1　两木杆用胶粘在一起,如图 3-13 所示。已知载荷 $F=35$ kN,求胶缝面的正应力及切应力。

　　解　在胶缝处沿杆的横截面和纵截面取出一微元体,如图 3-14 所示。

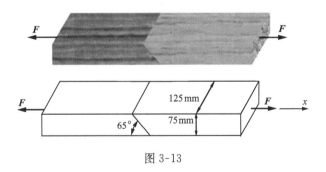

图 3-13

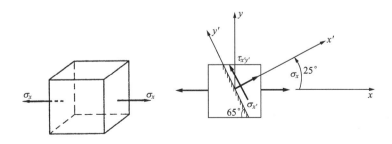

图 3-14

$$\sigma_x = \frac{F}{A} = \left(\frac{35 \times 10^3}{125 \times 75 \times 10^{-6}}\right) \text{MPa} = 3.73 \text{ MPa}$$

$$\sigma_y = 0, \quad \tau_{xy} = 0, \quad \alpha = 25°$$

由式(3-5)和式(3-6),胶缝面的正应力为

$$\sigma_{x'} = \frac{\sigma_x}{2} + \frac{\sigma_x}{2}\cos2\alpha = \left[\frac{3.73}{2} + \frac{3.73}{2}\cos50°\right] \text{MPa} = 3.06 \text{ MPa}$$

切应力为 $$\tau_{x'y'} = -\frac{\sigma_x}{2}\sin2\alpha = \left[-\frac{3.73}{2}\sin50°\right] \text{MPa} = -1.43 \text{ MPa}$$

切应力实际方向沿 y' 轴负方向。

例 3-2 某受力构件中的一点,其应力状态如图 3-15(a)所示。试求:(1)该点图示斜截面上的应力;(2)主应力及主平面方向(主方向);(3)主切应力及主切平面方向(主切方向)。

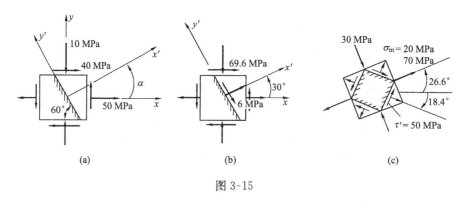

(a)   (b)   (c)

图 3-15

解 由图可知,$\sigma_x = 50$ MPa,$\sigma_y = -10$ MPa,$\tau_{xy} = 40$ MPa,$\alpha = 30°$。
(1) 斜截面上的应力。按式(3-5),有

$$\sigma_{x'} = \left[\frac{50 + (-10)}{2} + \frac{50 - (-10)}{2}\cos(2 \times 30°) + 40\sin(2 \times 30°)\right] \text{MPa}$$

$$= 69.6 \text{ MPa}$$

按式(3-6),有

$$\tau_{x'y'} = \left[-\frac{50 - (-10)}{2}\sin(2 \times 30°) + 40\cos(2 \times 30°)\right] \text{MPa} = -6 \text{ MPa}$$

斜截面上的应力按实际方向标在图 3-15(b)中。
(2) 主应力和主方向。按式(3-9),有

$$\left.\begin{array}{c}\sigma' \\ \sigma''\end{array}\right\} = \left[\frac{50 + (-10)}{2} \pm \sqrt{\left(\frac{50 - (-10)}{2}\right)^2 + 40^2}\right] \text{MPa}$$

$$= \left[20 \pm \sqrt{30^2 + 40^2}\right] \text{MPa} = \left[20 \pm 50\right] \text{MPa} = \begin{cases} 70 \text{ MPa} \\ -30 \text{ MPa} \end{cases}$$

该点的三个主应力分别为 $\sigma_1 = \sigma' = 70 \text{ MPa}, \sigma_2 = \sigma_z = 0, \sigma_3 = \sigma'' = -30 \text{ MPa}$。

按式(3-8)，有　　　　$\tan 2\alpha_\sigma = \dfrac{2\tau_{xy}}{\sigma_x - \sigma_y} = \dfrac{2 \times 40}{50 + 10} = \dfrac{80}{60} = \dfrac{4}{3}$

求出 $\alpha_\sigma = 26.6°$ 和 $116.6°$。

任选其中一个 α_σ 值代入公式(3-5)，即可判定 $\alpha_{\sigma'}$ 和 $\alpha_{\sigma''}$。如取 $\alpha_\sigma = 26.6°$ 代入式(3-5)，得到 $\sigma_{x'} = 70 \text{ MPa}$，所以 $\alpha_{\sigma'} = 26.6°, \alpha_{\sigma''} = 116.6°$(图 3-15(c))。

(3) 主切应力及主切方向。按式(3-12)或式(3-11)

$$\left.\begin{array}{r} \tau' \\ \tau'' \end{array}\right\} = \pm \frac{1}{2}(\sigma' - \sigma'') = \pm \frac{1}{2}\left[70 - (-30)\right] \text{MPa} = \pm 50 \text{ MPa}$$

因主切方向与主方向相差 $45°$，所以由式(3-13)

$$\alpha_{\tau'} = \alpha_{\sigma'} - 45° = 26.6° - 45° = -18.4°(\text{图 3-15(c)})$$

$$\alpha_{\tau''} = \alpha_{\sigma'} + 45° = 26.6° + 45° = 71.6°$$

扫描二维码，学习求解此例题的 MATLAB 程序。

*3.5　平面应力状态分析的图解法

对式(3-5)和式(3-6)稍加处理，分别得

$$\begin{cases} \left(\sigma_{x'} - \dfrac{\sigma_x + \sigma_y}{2}\right)^2 = \left(\dfrac{\sigma_x - \sigma_y}{2}\cos 2\alpha + \tau_{xy}\sin 2\alpha\right)^2 \\ \tau_{x'y'}^2 = \left(-\dfrac{\sigma_x - \sigma_y}{2}\sin 2\alpha + \tau_{xy}\cos 2\alpha\right)^2 \end{cases}$$

将上两式相加，化简得

$$\left(\sigma_{x'} - \frac{\sigma_x + \sigma_y}{2}\right)^2 + \tau_{x'y'}^2 = \left(\frac{\sigma_x - \sigma_y}{2}\right)^2 + \tau_{xy}^2$$

这是一个用变量 $\sigma_{x'}$ 和 $\tau_{x'y'}$ 表示的圆的方程。这个圆的圆心在 $\sigma_{x'}$ 轴上，距 $\tau_{x'y'}$ 轴的距离为 $\dfrac{\sigma_x + \sigma_y}{2}$，圆的半径 $R = \sqrt{\left(\dfrac{\sigma_x - \sigma_y}{2}\right)^2 + \tau_{xy}^2}$。由此画出的圆称为**应力圆**。最早由德国学者莫尔(Mohr, O., 1835—1918 年)引入，因此，也称**莫尔圆**(图 3-16)。圆上各点描述了外法线为 x' 的任一截面在 x'、y' 方向的正应力和切应力(图 3-17(a))。

对于任意处于平面应力状态的一点，只要已知相互垂直两个面上的应力 σ_x、τ_{xy} 和 σ_y、τ_{yx}(图 3-17(a))，即可按下列步骤作出应力圆(图 3-17(b))。

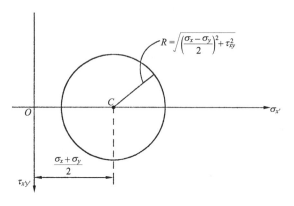

图 3-16

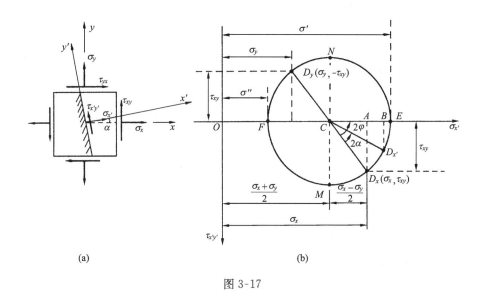

(a)　　　　　　　　　　　　　(b)

图 3-17

1) 以变量 $\sigma_{x'}$ 和 $\tau_{x'y'}$ 建立坐标系 $\sigma_{x'}$-$\tau_{x'y'}$。

2) 因为应力圆上某一点的坐标与微元体某一斜截面上的应力有一定的对应关系,因此,先确定已知的 x、y 两截面的应力在莫尔圆上的两个点。相对于 $x'y'$ 坐标系而言,由式(3-5)、式(3-6):对 x 截面,$\alpha = 0°$,x' 指向 x,y' 指向 y,则有 $\sigma_{x'} = \sigma_x$,$\tau_{x'y'} = \tau_{xy}$,由此确定点 $D_x(\sigma_x, \tau_{xy})$;对 y 截面,$\alpha = 90°$,x' 指向 y,y' 指向 x 负方向,则有 $\sigma_{x'} = \sigma_y$,$\tau_{x'y'} = -\tau_{xy}$,由此确定点 $D_y(\sigma_y, -\tau_{xy})$。

3) 连接 D_x、D_y 两点,连线与 $\sigma_{x'}$ 轴的交点即为圆心 C。

4) 以 CD_x 或 CD_y 为半径即可作出应力圆(图 3-17(b))。

应力圆直观地反映了平面应力状态下,一点的应力随截面方位的变化情况。主应力、主切应力的大小及方位也很直观,工程中用应力圆做定性分析非常方便。从应力圆不难看出:

应力圆上切应力等于零的最右侧 E 点为最大主应力 σ',最左侧 F 点为最小主应力 σ''。应力圆上 M 点为最大切应力 τ',N 点为最小切应力 τ''。

微元体 x 面和 y 面的夹角为 $90°$,而与 x、y 面对应的点 D_x、D_y 的半径 CD_x、CD_y 夹角为 $180°$。由此推出,应力圆上半径转过的角度等于单元体截面方位所旋转角度的 2 倍,旋转的方向也应相同。

微元体中截面方位改变时,相对应的点 $D_{x'}$ 在圆周上移动,即应力圆上某点 $D_{x'}$ 的坐标值,对应着微元体某一截面上的正应力和切应力。

下面证明,应力圆半径 CD_x 逆时针转过 2α 角度的半径线 $CD_{x'}$ 与圆周交点 $D_{x'}$ 的坐标值即为微元体上 x' 截面的正应力和切应力。

设 $\angle D_x CA = 2\varphi$(实际上 φ 为主应力 σ' 所在截面的法向与 x 轴的夹角,即 $\varphi = \alpha_{\sigma'}$),

$$
\begin{aligned}
OB &= OC + CB \\
&= OC + CD_{x'}\cos(2\varphi - 2\alpha) \\
&= OC + CD_x\cos2\varphi\cos2\alpha + CD_x\sin2\varphi\sin2\alpha \\
&= OC + CA\cos2\alpha + D_xA\sin2\alpha \\
&= \frac{\sigma_x + \sigma_y}{2} + \frac{\sigma_x - \sigma_y}{2}\cos2\alpha + \tau_{xy}\sin2\alpha \\
&= \sigma_{x'} \\
BD_{x'} &= CD_{x'}\sin(2\varphi - 2\alpha) \\
&= CD_x\sin2\varphi\cos2\alpha - CD_x\cos2\varphi\sin2\alpha \\
&= AD_x\cos2\alpha - CA\sin2\alpha \\
&= \tau_{xy}\cos2\alpha - \frac{\sigma_x - \sigma_y}{2}\sin2\alpha \\
&= \tau_{x'y'}
\end{aligned}
$$

证毕。

由图 3-17 还可证明,$OE = \sigma'$,$OF = \sigma''$,$CM = \tau'$,$CN = \tau''$。

例 3-3　构件的一点处承受平面应力(图 3-18(a)),用图解法确定该点主应力的大小及主平面的方位;主切应力的大小及主切平面的方位;斜截面上的应力。

解　建应力坐标系 $\sigma_{x'}$-$\tau_{x'y'}$。

选取比例尺,作点 $D_x(\sigma_x, \tau_{xy})$ 及 $D_y(\sigma_y, -\tau_{xy})$,连 D_x、D_y 的直线交横轴于 C,C 即为圆心(图 3-18(b))。

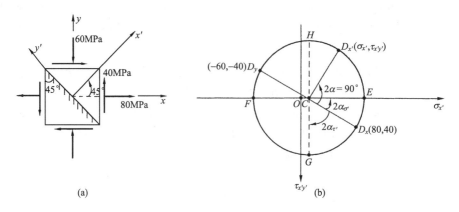

图 3-18

以 CD_x 或 CD_y 为半径作出应力圆,用比例尺量得主应力

$$\sigma' = OE = 90.5 \text{ MPa} \quad (拉)$$

$$\sigma'' = OF = -70.5 \text{ MPa} \quad (压)$$

该点的三个主应力为 $\sigma_1 = 90.5$ MPa, $\sigma_2 = 0$, $\sigma_3 = -70.5$ MPa。

由应力圆量得主方向角 $\alpha_{\sigma'} = 14.9°(\uparrow)$, $\alpha_{\sigma''} = 104.9°(\uparrow)$。

量得主切应力的大小 $\tau' = 80.5$ MPa, $\tau'' = -80.5$ MPa。

主切平面的方向角 $\alpha_{\tau'} = 30.1°(\downarrow)$, $\alpha_{\tau''} = 120.1°(\downarrow)$。

从半径 CD_x 逆时针转 $2\alpha = 2 \times 45° = 90°$ 角的半径 $CD_{x'}$ 与圆周的交点 $D_{x'}$ 的坐标值即为斜截面上的应力值,量出

$$\sigma_{x'} = 50 \text{ MPa}(拉)$$

$$\tau_{x'y'} = -70 \text{ MPa}(沿 y' 负方向)$$

*3.6　空间应力状态

在图 3-5 中已经说明了应力状态的一般情况,下面分析任意斜截面上的应力、主应力、主平面、主切应力、主切平面。

3.6.1　任意斜截面上的应力

对图 3-5 中的单元体,用法线为 N 的任一斜截面切开,取其中一部分为研究对象,见图 3-19(a)。设斜截面法线 N 的方位角为 θ_x、θ_y、θ_z,三个坐标面和斜截面的面积分别用 dA_x、dA_y、dA_z、dA_N 来表示。由于两截面的夹角等于它们法线间的夹角,法线 N 的方向余弦为

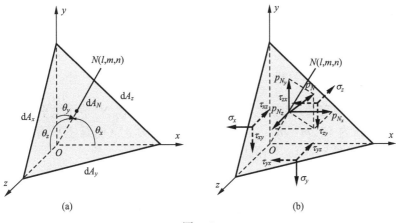

图 3-19

$$l = \cos\theta_x = \frac{\mathrm{d}A_x}{\mathrm{d}A_N}, \quad m = \cos\theta_y = \frac{\mathrm{d}A_y}{\mathrm{d}A_N}, \quad n = \cos\theta_z = \frac{\mathrm{d}A_z}{\mathrm{d}A_N}$$

$$l^2 + m^2 + n^2 = 1$$

斜截面上总应力矢量 $\boldsymbol{p}_N$ 在坐标 x、y、z 方向的分量为 $\boldsymbol{p}_{N_x}$、$\boldsymbol{p}_{N_y}$、$\boldsymbol{p}_{N_z}$（图 3-19 (b)）。四面微元体处于平衡状态,应满足 $\sum F_x = 0$, $\sum F_y = 0$, $\sum F_z = 0$,即

$$p_{N_x}\mathrm{d}A_N = \sigma_x\mathrm{d}A_x + \tau_{yx}\mathrm{d}A_y + \tau_{zx}\mathrm{d}A_z$$

$$p_{N_y}\mathrm{d}A_N = \tau_{xy}\mathrm{d}A_x + \sigma_y\mathrm{d}A_y + \tau_{zy}\mathrm{d}A_z$$

$$p_{N_z}\mathrm{d}A_N = \tau_{xz}\mathrm{d}A_x + \tau_{yz}\mathrm{d}A_y + \sigma_z\mathrm{d}A_z$$

由此得合应力的三个正交分量为

$$\begin{cases} p_{N_x} = \sigma_x l + \tau_{yx}m + \tau_{zx}n \\[2mm] p_{N_y} = \tau_{xy}l + \sigma_y m + \tau_{zy}n \\[2mm] p_{N_z} = \tau_{xz}l + \tau_{yz}m + \sigma_z n \end{cases} \tag{3-14}$$

且　　　　　　　　$$p_N^2 = p_{N_x}^2 + p_{N_y}^2 + p_{N_z}^2 \tag{3-15}$$

斜截面上的正应力 σ_N 为总应力矢量 $\boldsymbol{p}_N$ 在法线 N 上的投影,也等于 $\boldsymbol{p}_N$ 的三个分量 $\boldsymbol{p}_{N_x}$、$\boldsymbol{p}_{N_y}$、$\boldsymbol{p}_{N_z}$ 在法线 N 上投影的代数和（图 3-19(b)）,即

$$\sigma_N = p_{N_x}l + p_{N_y}m + p_{N_z}n$$

将式(3-14)代入上式,得到

$$\sigma_N = \sigma_x l^2 + \sigma_y m^2 + \sigma_z n^2 + 2(\tau_{xy}lm + \tau_{yz}mn + \tau_{zx}nl) \tag{3-16}$$

斜截面上的切应力分量为　　　　　　$\tau_{NT}^2 = p_N^2 - \sigma_N^2$　　　　　　　　　（3-17）

以上两式表明：当单元体上 6 个独立应力分量给定后，任意斜截面上的应力分量 σ_N、τ_{NT} 均可确定。

3.6.2　主应力　主平面

3.4 节中已经定义，切应力为零的平面为主平面，以 N^* 表示主平面的外法线，它的方向余弦为 l^*、m^*、n^*。主平面上的正应力 σ^*（也是主平面上的全应力 p_{N^*}）为主应力（图 3-20）。利用式（3-14），得到

$$\begin{cases} \sigma^* l^* = p_{N_x^*} = \sigma_x l^* + \tau_{yx} m^* + \tau_{zx} n^* \\ \sigma^* m^* = p_{N_y^*} = \tau_{xy} l^* + \sigma_y m^* + \tau_{zy} n^* \\ \sigma^* n^* = p_{N_z^*} = \tau_{xz} l^* + \tau_{yz} m^* + \sigma_z n^* \end{cases}$$

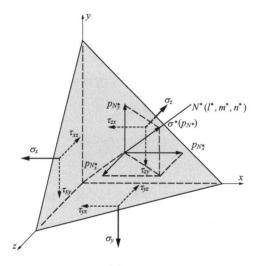

图 3-20

上式改写为

$$\begin{cases} (\sigma_x - \sigma^*) l^* + \tau_{yx} m^* + \tau_{zx} n^* = 0 \\ \tau_{xy} l^* + (\sigma_y - \sigma^*) m^* + \tau_{zy} n^* = 0 \\ \tau_{xz} l^* + \tau_{yz} m^* + (\sigma_z - \sigma^*) n^* = 0 \end{cases}$$　　　　（3-18）

$$l^{*2} + m^{*2} + n^{*2} = 1$$　　　　（3-19）

式（3-18）是以主平面外法线 N^* 的方向余弦 l^*、m^*、n^* 为未知量的齐次方程组。此方程组有非零解的条件是其系数行列式为零，即

$$\begin{vmatrix} \sigma_x - \sigma^* & \tau_{yx} & \tau_{zx} \\ \tau_{xy} & \sigma_y - \sigma^* & \tau_{zy} \\ \tau_{xz} & \tau_{yz} & \sigma_z - \sigma^* \end{vmatrix} = 0$$

展开上式,整理后得到　　　　$\sigma^{*3} - I_1 \sigma^{*2} + I_2 \sigma^* - I_3 = 0$ 　　　　(3-20)

此方程称为**特征方程**,式中系数

$$\begin{cases} I_1 = \sigma_x + \sigma_y + \sigma_z \\ I_2 = \begin{vmatrix} \sigma_x & \tau_{yx} \\ \tau_{xy} & \sigma_y \end{vmatrix} + \begin{vmatrix} \sigma_y & \tau_{zy} \\ \tau_{yz} & \sigma_z \end{vmatrix} + \begin{vmatrix} \sigma_z & \tau_{xz} \\ \tau_{zx} & \sigma_x \end{vmatrix} \\ I_3 = \begin{vmatrix} \sigma_x & \tau_{yx} & \tau_{zx} \\ \tau_{xy} & \sigma_y & \tau_{zy} \\ \tau_{xz} & \tau_{yz} & \sigma_z \end{vmatrix} \end{cases}$$
(3-21)

它们均为实数。实系数的特征方程(3-20)的根均为实根,称为**特征根**或**特征值**,分别记为 σ_1、σ_2、σ_3($\sigma_1 \geqslant \sigma_2 \geqslant \sigma_3$)。

　　对受力构件中的一点,其主应力是一确定的量,即特征方程(3-20)的根应为与坐标选取无关的量。由此可判定,特征方程中的三个系数 I_1、I_2、I_3 为与坐标选取无关的量。尽管坐标系方位变化时各应力分量将发生变化,但由式(3-21)所得的 I_1、I_2、I_3 的值并不改变。因此,I_1、I_2、I_3 称为**一点应力状态的第一、第二、第三不变量**。

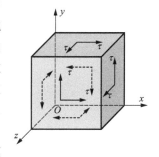

图 3-21

　　例 3-4　已知一点的应力状态如图 3-21 所示,试求主应力。

　　解　由图可知 $\sigma_x = \sigma_y = \sigma_z = 0$,$\tau_{xy} = \tau_{yx} = \tau_{zx} = \tau_{xz} = \tau_{yz} = \tau_{zy} = \tau$,由式(3-21)三个不变量为

$$I_1 = 0, \quad I_2 = -3\tau^2, \quad I_3 = 2\tau^3$$

特征方程为　　　　　　　　$\sigma^{*3} - 3\tau^2 \sigma^* - 2\tau^3 = 0$

解得三个特征根为　　　　$\sigma^{*'} = \sigma^{*''} = -\tau, \quad \sigma^{*'''} = 2\tau$

故　　　　　　　　　　　　$\sigma_1 = 2\tau, \quad \sigma_2 = \sigma_3 = -\tau$

3.6.3　主切应力与主切平面(简介)

　　求得主应力大小及主平面方向之后,以互相垂直的三个主应力方向(主方向)为坐标系(主轴坐标系),如图 3-22(a)所示,进一步求主切应力的大小及主切平面的方向。

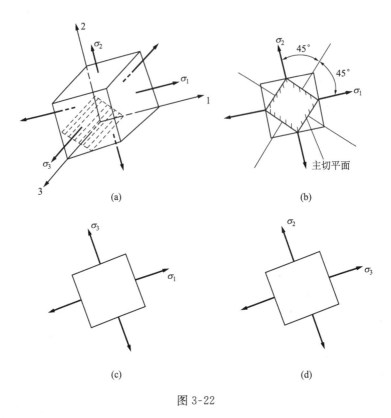

图 3-22

图 3-22(a)所示的微元体(主微元体),可以从三个不同的主轴方向看。例如,对任意一个平行于主轴 3 的截面(阴影所示),不难看出,与主应力 σ_3 有关的力自相平衡,σ_3 对平行于 σ_3 方向面上的应力无影响,所以可看成只有 σ_1 和 σ_2 作用的平面应力状态(图 3-22(b))。同 3.4 节中关于主切应力的讨论相同,平行于 σ_3 的所有截面中的切应力极值(主切应力)为

$$\tau_{12} = \pm \frac{1}{2}(\sigma_1 - \sigma_2) \tag{3-22}$$

其作用面(主切平面)的法线与 σ_1、σ_2 的夹角分别为 45°(图 3-22(b))。

类似地,由图 3-22(c)(d)可以推出平行于 σ_2、σ_1 的截面中主切应力分别为

$$\tau_{13} = \pm \frac{1}{2}(\sigma_1 - \sigma_3) \tag{3-23}$$

$$\tau_{23} = \pm \frac{1}{2}(\sigma_2 - \sigma_3) \tag{3-24}$$

不难知道,三组主切应力中,τ_{13} 为该点的最大最小切应力,即

$$\left.\begin{array}{c}\tau_{\max}\\[4pt]\tau_{\min}\end{array}\right\}=\pm\frac{1}{2}(\sigma_1-\sigma_3) \tag{3-25}$$

3.6.4　空间应力状态的应力圆(简介)

图 3-22(b)(c)(d)三个平面应力状态分别有三个应力圆,统一画在应力坐标系(σ_N-τ_{NT})中,如图 3-23 所示,这三个应力圆称为空间应力状态的主圆。可以证明(已超出本书范围),空间应力状态下,任一斜截面上的应力分量 σ_N、τ_{NT} 对应的点,都位于三个主圆所围成的阴影区内。

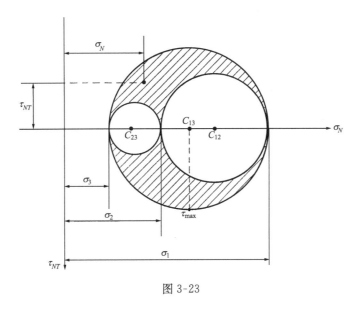

图 3-23

3.7　特　例　分　析

例 3-5　封闭的薄壁圆筒(壁厚 δ 远小于内径 D),如图 3-24(a)所示。在内压力 p 的作用下,求筒体外表面(自由表面)上任意一点的主应力。

解　薄壁筒在内压作用下,离封头较远区域筒体均匀向外扩展,在横截面和纵截面上都有应力产生。在横截面上各点的正应力 σ_x 相等。考虑由横截面取的分离体(图 3-24(b))在 x 轴方向的平衡。

$$\sum F_x=0,\quad \sigma_x\pi D\delta-p\frac{\pi D^2}{4}=0$$

得到

$$\sigma_x=\frac{pD}{4\delta}$$

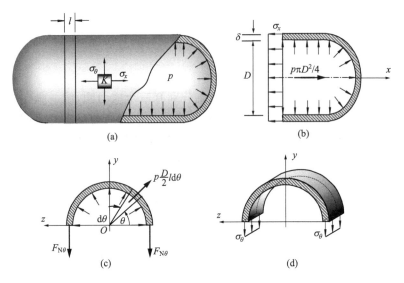

图 3-24

由两个相距为 l 的横截面及过 x 轴的纵截面截取半圆环分离体(图 3-24(c)(d))。纵截面上的正应力沿圆周的切线方向,用 σ_θ 来表示。作用在半圆环上的内压 p 在 y 方向的合力为

$$\int_0^\pi pl\left(\frac{D}{2}\mathrm{d}\theta\right)\sin\theta = plD$$

考虑半圆环在 y 方向的平衡

$$\sum F_y = 0, \quad 2F_{N\theta} = plD$$

而 $F_{N\theta} = \sigma_\theta l\delta$,因此

$$\sigma_\theta = \frac{pD}{2\delta}$$

通常称 σ_x 为**轴向应力**,σ_θ 为**环向应力**。外表面任一点 K 的应力状态如图 3-24(a)所示(平面应力状态),其主应力为

$$\sigma_1 = \frac{pD}{2\delta}, \quad \sigma_2 = \frac{pD}{4\delta}, \quad \sigma_3 = 0$$

由 σ_x 和 σ_θ 的表达式可见,当 $\delta \ll D$ 时,σ_x、$\sigma_\theta \gg p$。

例3-6 一点的应力状态如图 3-25(a)所示,图中应力量纲为 MPa。求该点的主应力及最大切应力。

解 由图可知,该点的一个主应力是已知的,用 σ''' 表示,即

$$\sigma''' = 50 \text{ MPa}$$

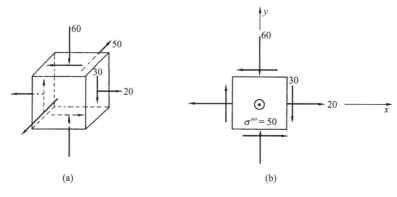

图 3-25

微元体所有平行于 σ''' 的截面上的应力均与 σ''' 无关。所以,当求这一组截面中的另两个主应力时,可将该点视为平面应力状态(图 3-25(b))。由式(3-9)

$$\left.\begin{array}{c}\sigma'\\\sigma''\end{array}\right\}=\left[\frac{20+(-60)}{2}\pm\sqrt{\left[\frac{20-(-60)}{2}\right]^2+(-30)^2}\right]\text{MPa}=\begin{cases}+30\text{ MPa}\\-70\text{ MPa}\end{cases}$$

按代数值的大小排序,有

$$\sigma_1=50\text{ MPa},\quad\sigma_2=30\text{ MPa},\quad\sigma_3=-70\text{ MPa}$$

最大切应力 $\tau_{\max}=\dfrac{1}{2}(\sigma_1-\sigma_3)=\dfrac{1}{2}(50+70)\text{ MPa}=60\text{ MPa}$

读者可扫描二维码,学习此例题的 MATLAB 程序。

3.8　应变的概念　一点的应变状态

物体在力的作用下变形,各质点将有位移产生。例如,图 3-26 所示物体(阴影部分为变形前,虚线为变形后)的点 A,变形后到了 A',点 B 变形后到了 B'。AA' 与 BB' 分别为点 A、B 的**线位移**,而 α 角为线段 AB 的**角位移**。

通常,物体的变形是不均匀的。某些线段伸长,另一些线段将缩短,同时各线段也发生不同大小角度的改变。同上一章用应力来度量内力集度类似,将一点的变形称为**应变**。一点微线段的伸长或缩短称为**线应变**(也称**正应变**),两垂直微线段角度的改变称为**切应变**(也称**角应变**)。

为描述物体内任一点 A 附近的变形状况,变形前在点 A 邻域内沿任意方向 n 取一微线段 $\Delta n(AB$ 段),并在与 n 垂直的 t 方向取一微线段 $\Delta t(AC$ 段),如图 3-27 所示。变形后,AB 和 AC 分别位移到 $A'B'$ 和 $A'C'$,比值

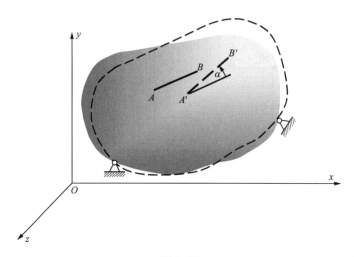

图 3-26

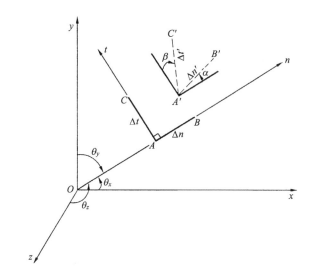

图 3-27

$$\bar{\varepsilon}_n = \frac{A'B' - AB}{AB} = \frac{\Delta n' - \Delta n}{\Delta n} \left.\right\}$$

$$\bar{\varepsilon}_t = \frac{A'C' - AC}{AC} = \frac{\Delta t' - \Delta t}{\Delta t} \left.\right\}$$ (3-26)

分别为线段 Δn 沿 n 方向和线段 Δt 沿 t 方向的**平均线应变**(一点邻域内微段的相对伸长或缩短)。式中，$\Delta n'$、$\Delta t'$ 分别为 Δn、Δt 变形后的长度。若 Δn 和 Δt 趋向

零,则上述比值的极限

$$
\left.\begin{array}{l}
\varepsilon_n = \lim\limits_{\Delta n \to 0} \dfrac{\Delta n' - \Delta n}{\Delta n} \\[3mm]
\varepsilon_t = \lim\limits_{\Delta t \to 0} \dfrac{\Delta t' - \Delta t}{\Delta t}
\end{array}\right\}
\tag{3-27}
$$

分别称为点 A 沿 n 和 t 方向的**线应变**。

变形后两正交微线段 AB 和 AC 间夹角发生的改变为 $\dfrac{\pi}{2} - \angle C'A'B'$,即 $\alpha + \beta$。当两正交微线段趋于零时,上述角度变化的极限

$$
\gamma_{nt} = \lim\limits_{\substack{\Delta n \to 0 \\ \Delta t \to 0}} \left(\dfrac{\pi}{2} - \angle C'A'B' \right) = \lim\limits_{\substack{\Delta n \to 0 \\ \Delta t \to 0}} (\alpha + \beta)
\tag{3-28}
$$

称为点 A 对应于坐标轴 nt 平面内的**切应变**(直角的改变量)。

线应变 ε 和切应变 γ 是度量一点处变形的两个基本量,它们都没有量纲。当线段伸长时 ε 为**正**,缩短时为**负**。由(3-28)式可知,当两线段间的夹角减小时 γ 为**正**,反之为**负**。

同理若过一点 A 微线段的取向分别为坐标轴方向,则对应坐标系 x、y、z 三个坐标方向的应变为 ε_x、ε_y、ε_z 和 γ_{xy}、γ_{yz}、γ_{zx},其中,ε_x、ε_y、ε_z 为 A 点沿三个坐标轴方向上的线应变,γ_{xy}、γ_{yz}、γ_{zx} 分别为三个坐标平面内的切应变。

3.9　平面应变分析简介

与一点应力状态的概念类似,过一点所有方向上的线应变与所有正交面的切应变的集合,称为**一点的应变状态**。确定各方向应变之间的关系及应变极值的问题,称一点的**应变状态分析**。

受力构件中的一点 A 只在某一平面内发生变形,如 xy 平面内(图 3-28),其应变分量只有 ε_x、ε_y 和 γ_{xy},该点为**平面应变状态**。同平面应力分析类似,一旦三个应变分量已知,该点与 x、y 轴夹角为 α 的任一 x'、y' 方向的线应变 $\varepsilon_{x'}$、$\varepsilon_{y'}$ 和切应变 $\gamma_{x'y'}$,线应变的**极值主应变**、切应变的极值**主切应变**及方向,都可由已知应变来确定,此即平面应变状态分析。

A 点的应变分量 ε_x、ε_y 和 γ_{xy} 可由该点在 x、y 方向的位移函数 $u = u(x)$,$v = v(x)$ 来确定。这里不详细推导。读者可扫描二维码查看学习。

下面直接给出平面应变状态分析的相关公式。详细推导过程可扫描二维码查看学习。

$$\varepsilon_{x'} = \frac{\varepsilon_x + \varepsilon_y}{2} + \frac{\varepsilon_x - \varepsilon_y}{2}\cos 2\alpha + \frac{\gamma_{xy}}{2}\sin 2\alpha \tag{3-29}$$

$$\varepsilon_{y'} = \frac{\varepsilon_x + \varepsilon_y}{2} - \frac{\varepsilon_x - \varepsilon_y}{2}\cos 2\alpha - \frac{\gamma_{xy}}{2}\sin 2\alpha \tag{3-30}$$

$$\frac{\gamma_{x'y'}}{2} = -\frac{\varepsilon_x - \varepsilon_y}{2}\sin 2\alpha + \frac{\gamma_{xy}}{2}\cos 2\alpha \tag{3-31}$$

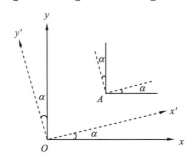

图 3-28

分别对式(3-29)、式(3-31)求一阶导数,并令其等于零,即可求得主应变的方向、主应变大小,主切应变方向、主切应变大小。

主应变方向公式
$$\tan 2\alpha_\varepsilon = \frac{\gamma_{xy}}{\varepsilon_x - \varepsilon_y} \tag{3-32}$$

主应变公式
$$\left.\begin{array}{c}\varepsilon'\\\varepsilon''\end{array}\right\} = \frac{\varepsilon_x + \varepsilon_y}{2} \pm \sqrt{\left(\frac{\varepsilon_x - \varepsilon_y}{2}\right)^2 + \left(\frac{\gamma_{xy}}{2}\right)^2} \tag{3-33}$$

主切应变方向公式
$$\tan 2\alpha_\gamma = -\frac{\varepsilon_x - \varepsilon_y}{\gamma_{xy}} \tag{3-34}$$

主切应变公式
$$\left.\begin{array}{c}\dfrac{\gamma'}{2}\\[4pt]\dfrac{\gamma''}{2}\end{array}\right\} = \pm\sqrt{\left(\frac{\varepsilon_x - \varepsilon_y}{2}\right)^2 + \left(\frac{\gamma_{xy}}{2}\right)^2}$$

即
$$\left.\begin{array}{c}\gamma'\\\gamma''\end{array}\right\} = \pm\sqrt{(\varepsilon_x - \varepsilon_y)^2 + (\gamma_{xy})^2} \tag{3-35}$$

例 3-7 在平面应变状态下,一物体中 O 点处的应变分量为 $\varepsilon_x = -200 \times 10^{-6}$,$\varepsilon_y = 1\,000 \times 10^{-6}$,$\gamma_{xy} = 900 \times 10^{-6}$。试求 x'、y' 方向的线应变及切应变(图 3-29)。

解 由图看出,x' 轴是从 x 轴顺时针旋转 $30°$,所以 $\alpha = -30°$。由式(3-29)、式(3-30)、式(3-31)可得

$$\varepsilon_{x'} = \frac{-200 + 1000}{2} + \frac{-200 - 1000}{2}\cos(-60°) + \frac{900}{2}\sin(-60°) = -290 \times 10^{-6}$$

$$\varepsilon_{y'} = \frac{-200 + 1000}{2} - \frac{-200 - 1000}{2}\cos(-60°) - \frac{900}{2}\sin(-60°) = 1090 \times 10^{-6}$$

$$\frac{\gamma_{x'y'}}{2} = -\frac{-200 - 1000}{2}\sin(-60°) + \frac{900}{2}\cos(-60°) = -295 \times 10^{-6}$$

$$\gamma_{x'y'} = -590 \times 10^{-6}$$

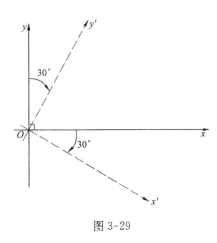

图 3-29

例 3-8　在受力构件自由表面上一点,测得与 x 轴夹角为 $0°$、$45°$ 和 $90°$ 方向的线应变分别为

$$\varepsilon_a = -300 \times 10^{-6}, \quad \varepsilon_b = -200 \times 10^{-6}, \quad \varepsilon_c = 200 \times 10^{-6}$$

试求该点的平面主应变及主应变方向。扫描二维码,学习应变测量基础。

解　由式(4-12),有

$$\varepsilon_x = \varepsilon_a = -300 \times 10^{-6}, \quad \varepsilon_y = \varepsilon_b = 200 \times 10^{-6}$$

$$\gamma_{xy} = 2\varepsilon_b - (\varepsilon_a + \varepsilon_c) = -300 \times 10^{-6}$$

由公式(4-9)得主应变方向

$$\tan 2\alpha_\varepsilon = \frac{\gamma_{xy}}{\varepsilon_x - \varepsilon_y} = \frac{-300}{-300 - 200} = \frac{3}{5}$$

$$\alpha_\varepsilon = 15.5° \quad 和 \quad \alpha_\varepsilon = 105.5°$$

再由公式(4-10)得主应变

$$\left.\begin{array}{r}\varepsilon' \\ \varepsilon''\end{array}\right\} = \frac{-300 + 200}{2} \pm \sqrt{\left(\frac{-300 - 200}{2}\right)^2 + \left(\frac{-300}{2}\right)^2} = \begin{cases} +242 \times 10^{-6} \\ -342 \times 10^{-6} \end{cases}$$

经判断,与 x 轴夹角为 $105.5°$ 方向的应变最大(代数值),其值为 242×10^{-6},而夹

角为 $15.5°$ 方向的应变为 -342×10^{-6}。

习　题

3-1　已知一点应力状态如习题 3-1 图(图中应力的单位为 MPa)。试用解析法计算:(1)指定截面上的应力分量 $\sigma_{x'}$、$\tau_{x'y'}$;(2)主应力 σ'、σ'' 及其作用面的方位;(3)主切应力 τ'、τ'' 及其作用面的方位。

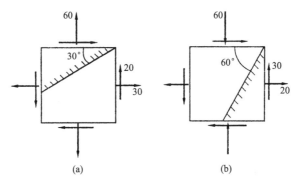

习题 3-1 图

3-2　已知条件、所求同上题。试用图解法求解。

3-3　已知如习题 3-3 图(图中应力的单位为 MPa)。试用解析法、图解法求:(1)任意斜截面上的应力分量 $\sigma_{x'}$、$\tau_{x'y'}$;(2)σ'、σ'' 及其作用面的方位;(3)τ'、τ'' 及其作用面的方位。

3-4　木制构件中的微元受力如习题 3-4 图所示,其中所示的角度为木纹方向与铅垂方向的大致夹角。试求:(1) 面内平行于木纹方向的切应力;(2)垂直于木纹方向的正应力。

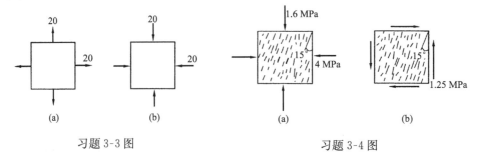

习题 3-3 图　　　　　　　　　　　习题 3-4 图

3-5　已知过 K 点两个截面上的应力(见习题 3-5 图,图中应力的单位为 MPa),试作应力圆。

3-6　从构件中取出的微元受力如习题 3-6 图所示,其中,AC 为自由表面(无外力作用),试求 σ_x 和 τ_{xy}。

3-7　构件微元表面 AC 上作用有数值为 14 MPa 的压应力,其余受力情况如习题 3-7 图所示,试求 σ_x 和 τ_{xy}。

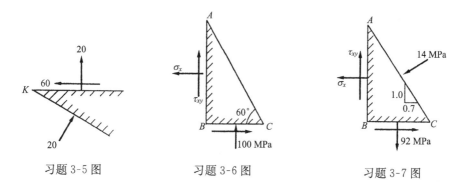

习题 3-5 图　　　　　　　习题 3-6 图　　　　　　　习题 3-7 图

3-8　用解析法求习题 3-8 图所示单元体斜截面上的应力,并用应力圆检验。

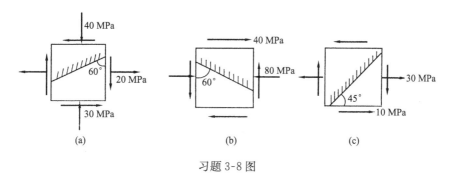

习题 3-8 图

3-9　从构件中取出的微元体,其应力状态如习题 3-9 图所示,单位均为 MPa,试求主应力、最大切应力、主方向、主切方向。

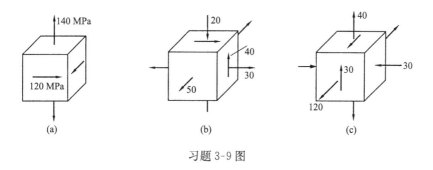

习题 3-9 图

3-10　已知一点为平面应变状态：$\varepsilon_x = -0.5 \times 10^{-4}$，$\varepsilon_y = 0.2 \times 10^{-4}$，$\gamma_{xy} = 0.2 \times 10^{-4}$，求该点的主应变及主应变方向。

3-11　已知一点为平面应变状态：$\varepsilon_x = 1.2 \times 10^{-3}$，$\varepsilon_y = -4 \times 10^{-4}$，$\gamma_{xy} = -1.2 \times 10^{-3}$，求该点处的主应变及最大切应变。

3-12　已知一点为平面应变状态：$\varepsilon_x = 0.2 \times 10^{-3}$，$\varepsilon_y = -0.8 \times 10^{-3}$，其中一个主应变 $\varepsilon' = 1 \times 10^{-3}$，求该点的 γ_{xy}，另一主应变 ε'' 和最大切应变 $\gamma_{\max}$。

3-13　已知一点为平面应变状态：$\varepsilon_x = 0.75 \times 10^{-3}$，$\varepsilon' = 1.3 \times 10^{-3}$，$\gamma_{\max} = 1.6 \times 10^{-3}$，求该点的 ε_y、γ_{xy}、ε''。

3-14　已知一点为平面应变状态：$\gamma_{xy} = 1 \times 10^{-3}$，$\varepsilon' = 3 \times 10^{-3}$，$\alpha_{\varepsilon'} = 15°$，求该点的 ε_x、ε_y、ε'' 和 $\gamma_{\max}$。

3-15　一应变花由三个电阻应变片组成，与 x 轴分别成 $0°$、$60°$ 和 $120°$，贴在构件的自由表面某点上。在载荷作用下，测得该点应变如下：

$$\varepsilon_0 = \varepsilon_x = 1000 \times 10^{-6}, \quad \varepsilon_{60°} = -650 \times 10^{-6}, \quad \varepsilon_{120°} = 75 \times 10^{-6}$$

试确定被测点处 xy 面内的主应变及最大切应变。

3-16　一应变花的三个电阻应变片与 x 轴成 $0°$、$45°$ 和 $90°$，测得构件自由表面的应变分别为 400×10^{-6}、260×10^{-6} 和 -80×10^{-6}，试求被测点处 xy 面内的主应变和最大切应变。

第4章　材料的力学性能

前两章分别讨论了构件内任一点的应力、应变分析,而一点的应力与应变之间到底存在着何种关系?构件到底能承受多大的应力?工作时会不会失效?这些问题需要了解材料本身的性质才能解决。本章主要讨论材料的力学性能,以及应力、应变之间的关系,为设计构件奠定基础。

4.1　轴向载荷下材料的力学性能

工程中任何构件都是由某种材料加工而成。构件的材料不同,其强度、刚度也不相同。为合理地、正确地解决强度、刚度问题,必须对材料在外力作用下所表现出的变形和破坏方面的特性,即材料的**力学性能**,有一全面的认识。通常材料的力学性能都是通过试验方法来认识的,最基本的试验是常温、静载下的拉伸和压缩试验。

为得到公认的统一的关于材料的力学性能参数,各个国家都制定有相应的试验标准(国标),试验机也要通过相关部门的标定检测。

试验时首先把待测试的材料加工成试件,试件的形状、加工精度和试验条件等都严格按国家标准执行。目前,常用的试件和试验机(电子拉力试验机)如图 4-1 所示。拉伸试件截面可采用圆形和矩形(图 4-1(a)(b)),并分别具有长短两种规

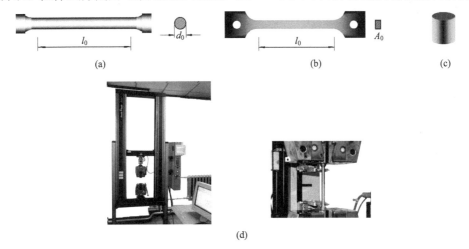

图 4-1

格。圆截面长试件其工作段长度（也称标矩）$l_0 = 10d_0$，短试件 $l_0 = 5d_0$，d_0 为横截面直径（图4-1(a)）；矩形截面长试件 $l_0 = 11.3\sqrt{A_0}$，短试件 $l_0 = 5.65\sqrt{A_0}$，A_0 为横截面面积（图4-1(b)）。金属材料的压缩实验，一般采用短圆柱形试件，其高度为直径的 1.5～3 倍（图4-1(c)）。电子拉力试验机见图4-1(d)。

将试件装卡在材料试验机上进行常温、静载拉伸试验，直到把试件拉断，试验机的绘图装置或计算机会把试件所受的拉力 F 和试件的伸长量 Δl 之间的关系自动记录下来，绘出一条 F-Δl 曲线，称为**拉伸图**。研究拉伸图，可测定材料力学性能的各项指标。

4.1.1 低碳钢的拉伸试验

1. 低碳钢的拉伸图

图4-2 为低碳钢试件的拉伸图和试件拉伸中的不同阶段。由图可见，在拉伸试验过程中，低碳钢试件工作段的伸长量 Δl 与试件所受拉力 F 之间的关系，大致可分为以下四个阶段。

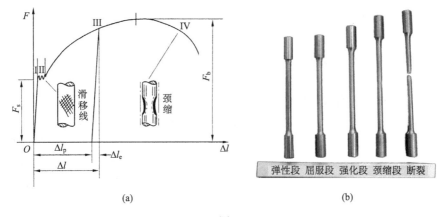

图 4-2

第 I 阶段　试件受力以后，长度增加，产生变形，这时如将外力卸去，试件工作段的变形可以消失，恢复原状。这样的变形是弹性变形，因此，也称第一阶段为弹性变形阶段。低碳钢试件在弹性变形阶段的大部分范围内，外力与变形之间成正比，拉伸图呈一直线。

第 II 阶段　弹性变形阶段以后，试件的伸长显著增加，但外力却滞留在很小的范围内上下波动。这时低碳钢似乎是失去了对变形的抵抗能力，外力不需增加，变形却继续增大，这种现象称为**屈服**或**流动**。因此，第 II 阶段称为屈服阶段或流动阶段。屈服阶段中拉力波动的最低值称为屈服载荷，用 F_s 表示。对于表面经过抛光处理的试件,在屈服阶段中,试件的表面上呈现出与轴线大致成 45°的条纹线,这种条纹线是因材料沿最大切应力面滑移而形成的,通常称为**滑移线**。

第 III 阶段　过了屈服阶段以后,继续增加变形,需要加大外力,试件对变形的抵抗能力又获得增强,这种现象称为材料的**强化**。因此,第 III 阶段称为强化阶段。强化阶段中,力与变形之间不再成正比,呈现着非线性关系。

超过弹性阶段以后,若将载荷卸去(简称卸载),则在卸载过程中,力与变形按线性规律减小,且其间的比例关系与加载时的弹性阶段基本相同。载荷全部卸除以后,试件所产生的变形一部分消失,而另一部分则残留下来,试件不能完全恢复原状。卸载后不能恢复的变形为塑性变形。在屈服阶段,试件已经有了明显的塑性变形。因此,过了弹性阶段以后,拉伸图曲线上任一点处对应的变形,都包含着弹性变形 Δl_e 及塑性变形 Δl_p 两部分(图 4-2(a))。

第 IV 阶段　当拉力继续增大达某一确定数值时,可以看到,试件某处突然开始逐渐局部变细,形同细颈,称此为**颈缩现象**(图 4-2(b))。颈缩出现以后,变形主要集中在细颈附近的局部区域。因此,第四阶段称为局部变形阶段。局部变形阶段后期,颈缩处的横截面面积急剧减小,试件所能承受的拉力迅速降低,最后在颈缩处被拉断(图 4-2(b))。若用 d_1 及 l_1 分别表示断裂后颈缩处的最小直径及断裂后试件工作段的长度,则 d_1 及 l_1 与试件初始直径 d_0 及工作段初始长度 l_0 相比,均有很大差别。颈缩出现前,试件所能承受的拉力最大值,称为最大载荷,用 F_b 表示。

2. 低碳钢拉伸时的力学性能

低碳钢的拉伸图反映了试件的变形及破坏的情况,但还不能代表材料的力学性能。因为试件尺寸的不同,会使拉伸图在量的方面有所差异,为了定量地表示出材料的力学性能,将拉伸图纵、横坐标分别除以 A_0 及 l_0,所得图形称为**应力-应变图**(σ-ε 图)。图 4-3 为低碳钢的应力-应变图。由图可见,应力-应变图的曲线上有几个特殊点(如图中 a、b、c、e 等),当应力达到这些特殊点所对应的应力值时,图中的曲线就要从一种形态变到另一种形态。这些特殊点所对应的应力称为**极限应力**,材料拉伸时反映强度的一些力学性能,就是用这些极限应力来表示的。从应力-应变图上,还可以得出反映材料对弹性变形抵抗能力及反映材料塑性的力学性能。下面对拉伸时材料力学性能的主要指标逐一进行讨论。

比例极限 σ_p 及弹性模量 E　应力-应变曲线上 Oa 段,按一般工程精度要求,可视为直线,在 a 以下,应力与应变成正比。对应于 a 点的应力,称为比例极限,用 σ_p 表示。若用 E 表示比例常数,则有

$$\sigma = E\varepsilon \tag{4-1}$$

这个关系是 1678 年由罗伯特·胡克通过实验发现的,所以称为**胡克定律**,其中,比例常数 E 表示产生单位应变时所需的应力,是反映材料对弹性变形抵抗能力的一

个性能指标,称为抗拉弹性模量,简称**弹性模量**。不同材料,其比例极限 σ_p 和弹性模量 E 也不同。例如,低碳钢中的普通碳素钢 Q235,比例极限约 200 MPa,弹性模量约 200 GPa。

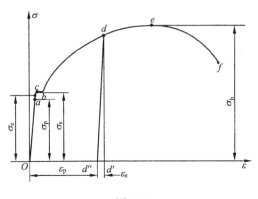

图 4-3

　　弹性极限 σ_e　　σ_e 是卸载后不产生塑性变形的最大应力,在图 4-3 中用 b 点所对应的应力表示。实际上低碳钢的弹性极限 σ_e 与比例极限 σ_p 十分接近,可以认为,对低碳钢来说,$\sigma_e = \sigma_p$。

　　屈服极限或屈服点 σ_s　　σ_s 等于屈服载荷 F_s 除以试件的初始横截面面积 A_0,即

$$\sigma_s = \frac{F_s}{A_0} \qquad (4\text{-}2)$$

　　从图 4-2 可见,屈服阶段中曲线呈锯齿形,应力上下波动,锯齿形最高点所对应的应力称为上屈服点,最低点称为下屈服点。上屈服点不太稳定,常随试验状态(如加载速率)而改变。下屈服点比较稳定(如图 4-3 中的 c 点),通常把下屈服点所对应的应力作为材料的屈服极限。应力达屈服极限 σ_s 时,材料将产生显著的塑性变形。

　　强度极限或抗拉强度 σ_b　　σ_b 是图 4-3 中 e 点所对应的应力值,它等于试件拉断前所能承受的最大载荷 F_b 除以试件初始横截面面积 A_0,即

$$\sigma_b = \frac{F_b}{A_0} \qquad (4\text{-}3)$$

当横截面上的应力达强度极限 σ_b 时,受拉杆件将开始出现颈缩并随即发生断裂。

　　屈服极限和强度极限是衡量材料强度的两个重要指标。普通碳钢 Q235 的屈服极限约为 $\sigma_s = 235$ MPa,强度极限约为 $\sigma_b = 420$ MPa。

　　延伸率或伸长率 δ　　δ 为试件拉断后工作段的残余伸长量($l_1 - l_0$)与标距长度 l_0 的比值,通常用百分数表示,即

$$\delta = \frac{l_1 - l_0}{l_0} \times 100\% \qquad\qquad (4\text{-}4)$$

延伸率 δ 表示试件在拉断以前,所能进行的塑性变形的程度,是衡量材料塑性的指标。标距长度对延伸率有影响,因此,对用 5 倍试件及 10 倍试件测得的延伸率分别加注角标 5 及 10 字样,即分别用 δ_5 及 δ_{10} 表示,以示区别。普通碳素钢 Q235 的延伸率可达 $\delta_5 = 27\%$ 以上,在钢材中是塑性相当好的材料。工程上通常把静载常温下延伸率 $\delta \geqslant 5\%$ 的材料称为**塑性材料**,金属材料中低碳钢是典型的塑性材料。

截面收缩率 ψ　ψ 用试件初始横截面面积 A_0 减去断裂后颈缩处的最小横截面面积 A_1,并除以 A_0 所得商值的百分数表示,即

$$\psi = \frac{A_0 - A_1}{A_0} \times 100\% \qquad\qquad (4\text{-}5)$$

普通碳素钢 Q235 的截面收缩率约为 $\psi = 55\%$。

3. **冷作硬化现象**

图 4-4(a)表示低碳钢的拉伸图。设载荷从零开始逐渐增大,拉伸图曲线将沿 $Odef$ 线变化直至 f 点发生断裂为止。前已述及,经过弹性阶段以后,若从某点(例如 d 点)开始卸载,则力与变形间的关系将沿与弹性阶段直线大体平行的 dd'' 线回至 d'' 点。若卸载后从 d'' 点开始继续加载,曲线将首先大体沿 $d'd$ 线回至 d 点,然后仍沿未经卸载的曲线 def 变化,直至 f 点发生断裂为止。

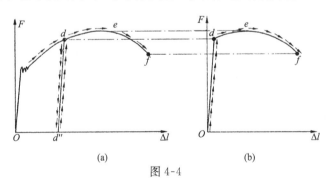

图 4-4

可见,在再次加载过程中,直到 d 点以前,试件变形是弹性的,过 d 点后才开始出现塑性变形。比较图 4-4(a)(b)所示的两条曲线,说明在第二次加载时,材料的比例极限得到提高,而塑性变形和延伸率有所降低。在常温下,材料经加载到产生塑性变形后卸载,由于材料经历过强化,从而使其比例极限提高、塑性性能降低的现象称为**冷作硬化**。

冷作硬化可以提高构件在弹性范围内所能承受的载荷,同时也降低了材料继续进行塑性变形的能力。一些弹性元件及钢索等常利用冷作硬化现象进行预加工处理,以使其能承受较大的载荷而不产生塑性变形。冷压成形时,希望材料具有较

大的塑性变形的能力,因此,常设法防止或消除冷作硬化对材料塑性的影响,例如,在工序间进行退火等。

4.1.2 铸铁拉伸时的力学性能

静载常温下延伸率 $\delta \leqslant 5\%$ 的材料习惯上称为**脆性材料**。砖、石、玻璃、水泥、灰铸铁及某些高强度钢等都属于脆性材料。灰铸铁(简称铸铁)拉伸时,断裂后测得的延伸率尚不及 1%,在金属材料中,是一种典型的脆性材料。图 4-5 为铸铁拉

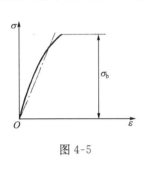

图 4-5

伸时的应力-应变图。由图可见,铸铁拉伸时,没有屈服阶段,也没有颈缩现象,反映强度的力学性能只能测得强度极限,而且拉伸时强度极限 σ_b 的值较低。铸铁的应力-应变图没有明显的直线段,通常在应力较小时,取 $\sigma\text{-}\varepsilon$ 图上的弦线近似地表示铸铁拉伸时的应变关系,并按弦线的斜率近似地确定弹性模量 E。由于铸铁的抗拉强度较差,一般不宜选做承受拉力的构件。抗拉强度差,这是脆性材料共同的特点。

4.1.3 其他常用材料拉伸时的力学性能

各种材料均可通过拉伸试验测定其力学性能,并绘制应力-应变图。图 4-6 表示三种塑性材料的应力-应变图。由图可见,除 Q235 钢外,另两种塑性材料的应力-应变图中没有明显的屈服阶段。对于没有明显屈服阶段的塑性材料,通常人为地规定,把产生 0.2% 塑性应变时所对应的应力作为**名义屈服极限**,并用 $\sigma_{0.2}$ 表示(图 4-7)。名义屈服极限也称屈服强度。通常对于没有明显屈服阶段的材料,手册中列出的 σ_s 指的即是屈服强度 $\sigma_{0.2}$。表 4-1 给出了几种常用金属材料拉伸时的力学性能。关于材料力学性能更详尽的资料,可查阅有关国家标准、部标准或企业标准以及有关资料手册等。

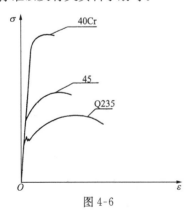

图 4-6

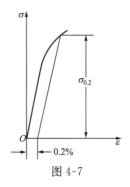

图 4-7

表 4-1　几种常用材料的主要力学性能

材料名称	牌　　号	σ_s/MPa	σ_b/MPa	δ_5/%
普通碳素钢	Q216	186～216	333～412	31
	Q235	216～235	373～461	25～27
	Q274	255～274	490～608	19～21
优质碳素结构钢	15	22	373	27
	40	333	569	19
	45	353	598	16
普通低合金结构钢	12Mn	274～294	432～441	19～21
	16Mn	274～343	471～510	19～21
	15Mn	333～412	490～549	17～19
合金结构钢	20Cr	539	834	10
	40Cr	785	981	9
	50Mn2	785	932	9
碳素铸钢	ZG15	196	392	25
	ZG35	275	490	16
可锻铸铁	KTZ45-5	274	441	5
	KTZ70-2	539	687	2
球墨铸铁	QT40-10	294	392	10
	QT45-5	324	441	5
	QT60-2	412	588	2
灰铸铁	HT15-33		拉 98.1～274 压 637	
	HT30-54		拉 255～294 压 1 088	

　　需要指出,有些塑性材料,如聚乙烯,颈缩现象不是发生在强化阶段之后,而是在屈服的开始。但颈缩后不立即发生断裂,仍然承受很大的应变。

4.1.4　压缩时材料的力学性能

　　图 4-8 中,曲线 1 表示低碳钢试件压缩时的应力-应变图,曲线 2 为拉伸时的应力-应变图。两个图形曲线在屈服阶段以前基本重合,即低碳钢压缩时,弹性模量 E、屈服极限 σ_s 均与拉伸时大致相同。过了屈服阶段,继续压缩时,试件的长度越来越短,而直径不断增大,由于受试验机上下压板摩擦力的影响,试件两端直径的增大受到阻碍,因而变成鼓形。压力继续增加,鼓形高度减少,直径增大,最后被压成薄饼,而不发生断裂,因而低碳钢压缩时测不出强度极限。工程中构件一旦屈服发生塑性变形,即认为其失效。因此,在工程实际中,通常认为低碳钢压缩时的力学性能与拉伸时相同,即,**抗拉性能与抗压性能相同**。所以一般通过拉伸试验即

可得到其压缩时的主要力学性能。因此,对低碳钢来说,拉伸试验是基本的试验。

图 4-9 为灰口铸铁压缩时的应力-应变图。与拉伸时相比,铸铁压缩时强度极限 σ_{bc} 很高,例如,HT30－54 压缩时的强度极限约为拉伸强度极限的 4 倍。**抗压强度远大于抗拉强度**,这是铸铁力学性能的重要特点。铸铁试件受压缩发生断裂时,断裂面与轴线大致成 45°左右的倾角(图 4-9),这表明铸铁试件受压时断裂是因最大切应力所致。

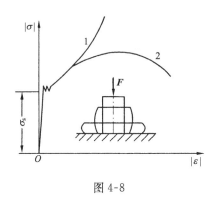
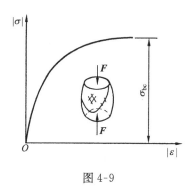

图 4-8　　　　　　　　　　　　　　　　图 4-9

混凝土及石料等非金属脆性材料进行压缩试验时,常采用立方体形状的试件。这类材料受压破坏的形式与试件端面所受摩擦阻力有关。例如,压缩时若在端面涂以润滑剂,试件将沿纵向开裂(图 4-10(a)),而不涂润滑剂时,压坏后将呈对接的截锥体形(图 4-10(b))。两种情况下测得的抗压强度极限也不相同。因此,对这类材料进行压缩实验时,除应注意采用规定的试件形状及尺寸外,还须注意端面的接触条件。

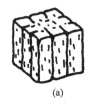

(a)　　　　　　(b)

图 4-10

4.1.5　影响材料力学性能的主要因素

温度、加载速率及载荷作用时间等因素,对材料的力学性能有显著影响。一般来说,随着温度的升高,金属材料的屈服极限、强度极限降低,而延伸率则增大。图 4-11(a)为短期静载下,低碳钢的 σ_s、σ_b、E、δ、ψ 等随温度的变化曲线。由图可见,当升温至 250～300℃时,低碳钢的强度极限 σ_b 反而升高,而延伸率 δ 及截面收缩率 ψ 却明显降低,这一现象称为**蓝脆现象**。蓝脆现象是低碳钢所特有的。因此,低碳钢锻件应尽量避免在蓝脆区进行热加工,以防锻件开裂。图 4-11(b)表示铬锰合金钢的 σ_b、$\sigma_{0.2}$ 及 δ 随温度的变化曲线。对多数材料来说,随着温度的升高,都是趋于强度降低,塑性增加。金属热加工就是根据材料的这一性质加热成型的。温度降至 0℃以下时,钢材总的趋势是变脆,强度提高,塑性降低。

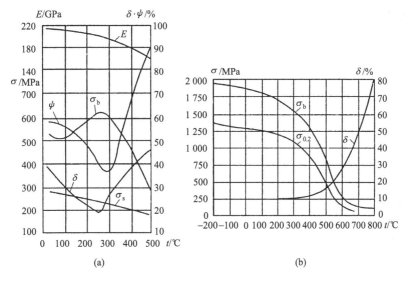

图 4-11

　　高温下,载荷作用的时间对材料的力学性能有重要影响。温度高于一定数值,应力超过某一限度以后,在定值静载应力作用下,材料的变形会随着时间而不断地缓慢增长,这种现象称为**蠕变**,蠕变变形主要是塑性变形,卸载后只有很少部分变形能够恢复。图 4-12 为金属材料蠕变曲线的示意图,图中纵坐标为蠕变应变,横坐标代表时间,曲线斜率即 $d\varepsilon/dt$ 表示蠕变速度。图 4-12(a)中曲线的 AB 段蠕变速度不断减少,是不稳定阶段;BC 段蠕变速度最小,且近于常量,称稳定阶段;随后蠕变速度开始增加,CD 段因之称为加速阶段;过了 D 点,蠕变速度急剧加大直至 E 点发生断裂,DE 段称为破坏阶段。温度不变时,应力越大,稳定阶段的蠕变速度亦越大,容易发生断裂(图 4-12(b))。应力小于某一限度,稳定阶段的蠕变速度将减少至零,这时就可以不考虑蠕变的影响。高温下若变形保持不变,会出现应力随时间逐渐降低的现象,这种现象称为**松弛**。忽视蠕变与松弛的影响,会使高温下工作的构件发生重大事故。例如,燃气轮机的叶片在高温下可能产生过大的蠕变变形而与汽轮机胴体相撞,高压燃气管道紧固螺栓的预紧力会因松弛现象而大大降低,从而保证不了气密联结等。

　　加载速率对材料的力学性能也有影响,载荷迅速增加时,材料的塑性变形可能还来不及完全形成就发生了破坏。图 4-13 为低碳钢在静载及迅速加载两种情况下的应力-应变曲线示意图。由图可见,迅速加载时,屈服阶段已不明显,但强度极限显著提高。其他塑性材料在迅速加载时也有类似性质。

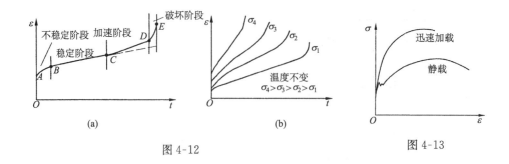

图 4-12　　　　　　　　　　　　　　　　　　图 4-13

　　材料受随时间而不断重复变化的载荷作用时,其力学性能与静载荷作用时有显著的不同。关于这一问题其他多学时材料力学中均有介绍。

　　另外,即使是化学成分相同的材料,如果热处理方式不同,其力学性能也大不相同。例如,含碳量较高的钢材,淬火后强度提高、塑性降低;若退火处理其强度降低、塑性提高。随着科学技术的发展,各种新型非金属材料不断涌现,例如,聚苯乙烯、有机玻璃、尼龙等高分子材料,还有目前在航空、航天领域广泛使用的复合材料。复合材料具有各向异性、比强度(强度与相对密度之比)高、比刚度(弹性模量与相对密度之比)大、耐高温、材料制造工艺简单并且性能可以设计等特点。这些新兴材料的力学性能仍然需要通过试验测定。碳纤维和玻璃纤维的单向复合材料的力学性能列于表 4-2 中。

表 4-2　单向复合材料的力学性能

材　　料	弹性模量/GPa		抗拉强度/GPa		伸长率/%	
	平行纤维	垂直纤维	平行纤维	垂直纤维	平行纤维	垂直纤维
碳纤维/环氧树脂 $(\varphi_f=0.6)$	220	7	1400	38	0.8	0.6
玻璃纤维/聚酯树脂 $(\varphi_f=0.5)$	38	10	750	22	1.8	0.2

　　注：　φ_f 是纤维在复合材料中所占体积分数。

4.2　各向同性材料的胡克定律

4.2.1　简单胡克定律

　　式(4-1)表明,在弹性范围内加载,受单向应力作用的一点(图 4-14),其正应力与线应变成正比,即

$$\sigma_x = E\varepsilon_x \tag{4-6}$$

这是**简单拉、压胡克定律**。由式(4-6),纵向(沿应力方向)应变 ε_x 可写为

$$\varepsilon_x = \frac{\sigma_x}{E} \qquad (4\text{-}7)$$

实验表明,在比例极限内,横向(与应力 σ_x 垂直的方向)应变 ε_y(或 ε_z)与纵向应变之比为一常量。用 ν 表示这一比值的绝对值,则

$$\nu = \left| \frac{\varepsilon_y}{\varepsilon_x} \right| \qquad (4\text{-}8)$$

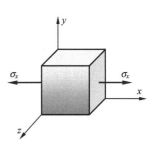

图 4-14

ν 称为**横向变形系数**或**泊松比**,是无量纲的量,其值随材料而异,可通过实验进行测定。由式(4-8)可得

$$\begin{cases} \varepsilon_y = -\nu\varepsilon_x \\ \varepsilon_z = -\nu\varepsilon_x \end{cases} \qquad (4\text{-}9)$$

式中,负号表示横向应变与纵向应变符号相反。将式(4-7)代入式(4-9),得

$$\begin{cases} \varepsilon_y = -\dfrac{\nu}{E}\sigma_x \\[2mm] \varepsilon_z = -\dfrac{\nu}{E}\sigma_x \end{cases} \qquad (4\text{-}10)$$

表 4-3 给出了几种常用材料的 E 和 ν 值。

表 4-3　几种常用材料的 E 和 ν 值

材 料 名 称	E/GPa	ν
碳素钢	196～216	0.24～0.28
合金钢	186～206	0.25～0.30
灰铸铁	78.5～157	0.23～0.27
铜及其合金	72.6～128	0.31～0.42
铝合金	70	0.33

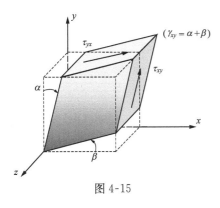

图 4-15

由实验(扭转实验)还可得出,在弹性范围内,一点的切应力与相应的切应变(图 4-15)成正比,即

$$\tau_{xy} = G\gamma_{xy} \qquad (4\text{-}11)$$

或改写为

$$\gamma_{xy} = \frac{\tau_{xy}}{G} \qquad (4\text{-}12)$$

上两式称为**剪切胡克定律**,其中,G 称为**切变模量**(或**剪切弹性模量**),其值与材料有关,可由实验测得。

4.2.2　广义胡克定律

上面给出了各向同性材料在一个应力分量(σ_x 或 τ_{xy})作用下应力与应变的关系。但是,工程实际中还有许多构件,在载荷作用下,一点处于一般的空间应力状态(图 4-16(a)),有独立的 6 个应力分量和 6 个应变分量。在弹性范围内,这些应力与应变也成线性关系。由于讨论的是小变形问题,一个应力分量所产生的应变对其他应力分量产生的应变影响不大,即每一应力分量产生的应变是独立的,互不影响。另外,各向同性材料,正应力在其纵向和横向只引起线应变,而不引起切应变;同样,坐标面内的切应力只引起它所在坐标面内的切应变,不引起其他坐标面内的切应变,也不会引起坐标方向的线应变。由式(4-7)、式(4-10)、式(4-12),应用第 2 章介绍的叠加原理,可得空间应力状态下应力—应变关系。

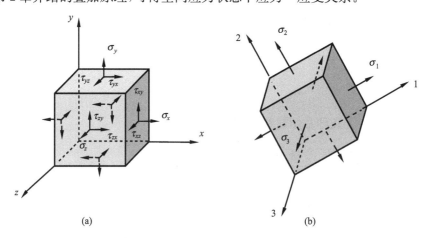

(a)　　　　　　　　　　(b)

图 4-16

$$\begin{cases} \varepsilon_x = \dfrac{1}{E}\left[\sigma_x - \nu(\sigma_y + \sigma_z)\right] \\[2mm] \varepsilon_y = \dfrac{1}{E}\left[\sigma_y - \nu(\sigma_x + \sigma_z)\right] \\[2mm] \varepsilon_z = \dfrac{1}{E}\left[\sigma_z - \nu(\sigma_x + \sigma_y)\right] \\[2mm] \gamma_{xy} = \dfrac{\tau_{xy}}{G} \\[2mm] \gamma_{yz} = \dfrac{\tau_{yz}}{G} \\[2mm] \gamma_{zx} = \dfrac{\tau_{zx}}{G} \end{cases} \tag{4-13}$$

上式称为**广义胡克定律**。

若微元体的三个主应力已知时,如图 4-16(b)所示,其广义胡克定律可写成

$$\begin{cases} \varepsilon_1 = \dfrac{1}{E}\left[\sigma_1 - \nu(\sigma_2 + \sigma_3)\right] \\[2mm] \varepsilon_2 = \dfrac{1}{E}\left[\sigma_2 - \nu(\sigma_3 + \sigma_1)\right] \\[2mm] \varepsilon_3 = \dfrac{1}{E}\left[\sigma_3 - \nu(\sigma_1 + \sigma_2)\right] \end{cases} \tag{4-14}$$

式中,ε_1、ε_2、ε_3 分别为沿主应力方向的线应变。由于主应力单元体在三个坐标平面内的切应变为零,故主应力方向的线应变 ε_1、ε_2、ε_3 就是主应变。

由上式可知,各向同性材料有三个弹性常数,4.5 节中将证明,三个常数只有两个是独立的,它们之间的关系为 $G = \dfrac{E}{2(1+\nu)}$。

例 4-1　某构件表面一点处于平面应力状态,测得该点两个互相垂直方向的线应变为 $\varepsilon_x = 500 \times 10^{-6}$,$\varepsilon_y = -200 \times 10^{-6}$。已知 $E = 200\ \text{GPa}$,$\nu = 0.25$,试求该点的正应力分量 σ_x 和 σ_y。

解　由式(4-13),平面应力状态下

$$\begin{cases} \varepsilon_x = \dfrac{1}{E}\left[\sigma_x - \nu\sigma_y\right] \\[2mm] \varepsilon_y = \dfrac{1}{E}\left[\sigma_y - \nu\sigma_x\right] \end{cases} \tag{a}$$

求解此式得

$$\begin{cases} \sigma_x = \dfrac{E}{1-\nu^2}\left[\varepsilon_x + \nu\varepsilon_y\right] \\[2mm] \sigma_y = \dfrac{E}{1-\nu^2}\left[\varepsilon_y + \nu\varepsilon_x\right] \end{cases} \tag{b}$$

所以

$$\sigma_x = \left[\frac{200 \times 10^9}{1 - 0.25^2}(500 \times 10^{-6} - 0.25 \times 200 \times 10^{-6})\right] \text{MPa} = 96\ \text{MPa}$$

$$\sigma_y = \left[\frac{200 \times 10^9}{1 - 0.25^2}(-200 \times 10^{-6} + 0.25 \times 500 \times 10^{-6})\right] \text{MPa} = -16\ \text{MPa}$$

例 4-2　图 4-17(a)所示微元体,应力单位为 MPa,材料常数 $E = 200\text{GPa}$,$\nu = 0.25$,求该点最大主应变 $\varepsilon_{\max}$ 及最大切应变 $\gamma_{\max}$。

解　该点为特殊空间应力状态,y 面上无切应力,为一个主平面,其上主应力 $\sigma''' = -60\text{MPa}$。在 xz 平面为纯剪切应力状态(图 4-17(b)),应用第 3 章应力分析知识,求得 xz 平面内的两个主应力

$$\left.\begin{array}{c} \sigma' \\ \sigma'' \end{array}\right\} = \pm 120\ \text{MPa}$$

因此，该点主应力 $\sigma_1 = 120\ \text{MPa}$，$\sigma_2 = -60\text{MPa}$，$\sigma_3 = -120\text{MPa}$。

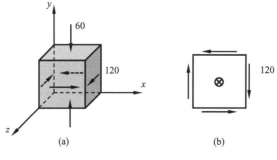

图 4-17

由广义胡克定律式(4-14)，有

$$\varepsilon_{\max} = \varepsilon_1 = \frac{1}{E}\left[\sigma_1 - \nu(\sigma_2 + \sigma_3)\right]$$

$$= \frac{1}{200 \times 10^9}\left[120 - 0.25(-60 - 120)\right] \times 10^6 = 825 \times 10^{-6}$$

由式(3-25)，得该点最大切应力

$$\tau_{\max} = \frac{1}{2}(\sigma_1 - \sigma_3) = \frac{1}{2}\left[120 - (-120)\right] = 120\ \text{MPa}$$

最大切应变

$$\gamma_{\max} = \frac{\tau_{\max}}{G} = \frac{\tau_{\max}}{\dfrac{E}{2(1+\nu)}} = \frac{2(1 + 0.25) \times 120 \times 10^6}{200 \times 10^9} = 15 \times 10^{-3}$$

4.3 体积应变与形状应变

在应力作用下，微元体要发生变形。变形分两类：体积变形与形状变形。微元体如果原是立方体，变形后仍为立方体；若微元体原是球体，变形后仍为球体，这种变形只是体积发生了变化，而形状没有变化，称为纯体积变形(图 4-18(b)(e))。如果原是立方体的微元体，变形后为体积相等的长方体，或原是球体的单元体，变形后为体积相等的椭球体，这种变形只是形状发生了变化，而体积没有变化，称为纯形状变形(图 4-18(c)(f))。一般情况下，在应力作用下微元体不仅体积发生变化，而且形状也会发生变化(图 4-18(a)(d))。

4.3.1 体积应变

为了方便起见，在主轴坐标系统中进行考察。取一主微元体——立方体(图

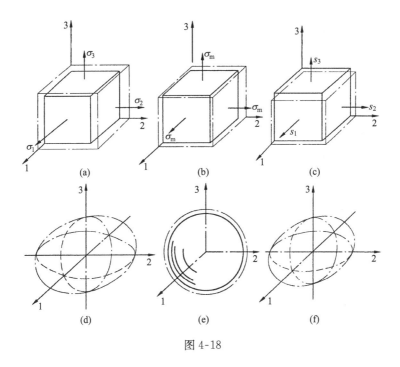

图 4-18

4-18(a))。变形前各棱边的长度为 $\mathrm{d}a$,体积为 $\mathrm{d}V_0 = (\mathrm{d}a)^3$。在主应力 σ_1、σ_2、σ_3 作用下产生主应变 ε_1、ε_2、ε_3,则变形后各棱边的长度为 $\mathrm{d}a(1+\varepsilon_1)$、$\mathrm{d}a(1+\varepsilon_2)$、$\mathrm{d}a(1+\varepsilon_3)$,体积为 $\mathrm{d}V = \mathrm{d}a(1+\varepsilon_1)\mathrm{d}a(1+\varepsilon_2)\mathrm{d}a(1+\varepsilon_3)$,则体积应变的定义以 θ 表示为

$$\theta = \frac{\mathrm{d}V - \mathrm{d}V_0}{\mathrm{d}V_0} = \frac{(\mathrm{d}a)^3(1+\varepsilon_1)(1+\varepsilon_2)(1+\varepsilon_3) - (\mathrm{d}a)^3}{(\mathrm{d}a)^3}$$

$$= \varepsilon_1 + \varepsilon_2 + \varepsilon_3 + 0[2] + 0[3]$$

利用广义胡克定律式(4-14)得到

$$\theta = \frac{\sigma_{\mathrm{m}}}{K} \tag{4-15}$$

或

$$\varepsilon_{\mathrm{m}} = \frac{\sigma_{\mathrm{m}}}{3K} \tag{4-16}$$

式中,$\sigma_{\mathrm{m}} = (\sigma_1 + \sigma_2 + \sigma_3)/3$,为平均应力;$\varepsilon_{\mathrm{m}} = (\varepsilon_1 + \varepsilon_2 + \varepsilon_3)/3$,为平均应变;$K = E/3(1-2\nu)$,称为**体积应变弹性系数**。式(4-15)称为**体积应变胡克定律**。可见体积应变量是由微元体各表面上平均应力引起的(图 4-18(b))。

4.3.2　形状应变

主微元体在主应力 σ_1、σ_2、σ_3 作用下,不仅体积发生了变化,而且形状也发生了

变化,由原来的立方体变为长方体。各主应力 σ_1、σ_2、σ_3 偏离平均应力 σ_m 的量用 s_1、s_2、s_3 表示,即 $s_1=\sigma_1-\sigma_m$,$s_2=\sigma_2-\sigma_m$,$s_3=\sigma_3-\sigma_m$。形状改变是由这些应力偏离量(简称应力偏量)引起的(图 4-18(c))。

显然,三个应力偏量 s_1、s_2、s_3 之和 $s_1+s_2+s_3=0$,则三个应力偏量的平均应力为

$$s_m = \frac{1}{3}(s_1+s_2+s_3) = 0$$

即当微元体上作用着应力偏量 s_1、s_2、s_3 时,其体积应变

$$\theta = \frac{s_m}{K} = 0$$

微元体不产生体积变形,此时产生的变形为纯形状变形,由广义胡克定律,求得相应的应变为

$$e_1 = \frac{1}{E}[s_1-\nu(s_2+s_3)] = \frac{1}{E}[(1+\nu)s_1-\nu(s_1+s_2+s_3)] = \frac{1+\nu}{E}s_1$$

或

$$e_1 = \frac{1+\nu}{E}s_1 = \frac{s_1}{2 \cdot \dfrac{E}{2(1+\nu)}} = \frac{s_1}{2G}$$

同理,有 e_2、e_3,则

$$\begin{cases} e_1 = \dfrac{1+\nu}{E}s_1 = \dfrac{s_1}{2G} \\[2mm] e_2 = \dfrac{1+\nu}{E}s_2 = \dfrac{s_2}{2G} \\[2mm] e_3 = \dfrac{1+\nu}{E}s_3 = \dfrac{s_3}{2G} \end{cases} \tag{4-17}$$

称这种情况下的应变 e_1、e_2、e_3 为**形状应变**。

4.4 应 变 能

弹性体受外力作用要发生变形,变形过程的同时外力要做功,并且转变为能量储存于该弹性体中。这种能量称为弹性变形势能,简称**变形能**。当逐渐卸去外力,弹性体又将所储存的变形能逐渐释放而做功,使变形逐渐消失。若外力增加十分缓慢时,可忽略弹性体内的动能及其他能量损失,可以认为外力功 W 全部转变为变形能 U,即

$$U = W \tag{4-18}$$

4.4.1 单向应力状态下的应变能

图 4-19(a)所示的轴向拉伸直杆,当拉力从零开始缓慢地增加到最终值 F 时,

则杆的变形亦同时从零开始慢慢地增加到最终值 Δl。在比例极限内,外力 F 与变形量 Δl 之间成正比关系,F-Δl 图呈一过原点的斜直线,如图 4-19(b)所示。在逐渐加力的过程中,当拉力为 F_1 时,杆的变形量为 Δl_1,假如此时拉力再增加一个 $\mathrm{d}F_1$,那么杆的变形将含有一增量 $\mathrm{d}(\Delta l_1)$。于是已作用于杆件上的拉力 F_1 因位移 $\mathrm{d}(\Delta l_1)$ 而做功 $\mathrm{d}W$

$$\mathrm{d}W = F_1 \mathrm{d}(\Delta l_1)$$

此功 $\mathrm{d}W$ 就等于图 4-19(b)中画阴影线部分的微面积。将最终的拉力 F 和最终的变形量 Δl 分别视为一系列 $\mathrm{d}F_1$ 和 $\mathrm{d}(\Delta l_1)$ 的积累,这样,拉力 F 所做的总功 W 便等于这些微面积总和,即图 4-19(b)斜直线下三角形的面积。于是总功

$$W = \frac{1}{2}F\Delta l$$

由式(4-18)得杆的变形能

$$U = W = \frac{1}{2}F\Delta l \qquad (4\text{-}19)$$

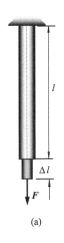 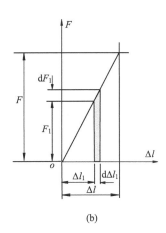

(a)　　　　　　　　　　　　　　(b)

图 4-19

　　将这一概念应用于线弹性体内的一个微元体。图 4-20(a)表示微元体受单向应力 σ_x 作用,图 4-20(b)给出了相应的变形。

　　储存在微元体内的变形能一般也称**应变能**。单位体积中积蓄的应变能称为**应变比能**或**应变能密度**。在图 4-20 所示的情形下,x 方向的力 $\sigma_x \mathrm{d}y\mathrm{d}z$ 在 x 方向位移 $\varepsilon_x \mathrm{d}x$ 上所做的功,即为储存在微元体内的应变能

$$\mathrm{d}U = \mathrm{d}W = \frac{1}{2}(\sigma_x \mathrm{d}y\mathrm{d}z)(\varepsilon_x \mathrm{d}x) = \frac{1}{2}\sigma_x \varepsilon_x \mathrm{d}V \qquad (4\text{-}20)$$

微元体内的应变比能为

$$u = \frac{\mathrm{d}U}{\mathrm{d}V} = \frac{1}{2}\sigma_x \varepsilon_x \qquad (4\text{-}21)$$

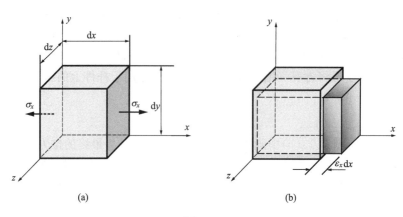

图 4-20

4.4.2　三向应力状态下的应变能

变形固体内一点的应变能只与最终的力学状态（应力、应变）有关，与加载的历史（应力变化的历史）无关，故在三个主应力 σ_1、σ_2、σ_3 作用下，其总应变能等于各应力分量分别在自己方向的应变上所做的功之和。因此，相应的应变比能为

$$u = \frac{1}{2}(\sigma_1\varepsilon_1 + \sigma_2\varepsilon_2 + \sigma_3\varepsilon_3) \tag{4-22}$$

应用广义胡克定律式（4-14）得到

$$u = \frac{1}{2E}[\sigma_1^2 + \sigma_2^2 + \sigma_3^2 - 2\nu(\sigma_1\sigma_2 + \sigma_2\sigma_3 + \sigma_3\sigma_1)]$$

总应变比能等于体积应变比能 u_v 和形状应变比能 u_f 的总和，即

$$u = u_\mathrm{v} + u_\mathrm{f} \tag{4-23}$$

体积应变比能等于三个坐标轴方向的平均应力 σ_m 在自己方向的应变 ε_m 上所做的功之和，即

$$u_\mathrm{v} = 3\left(\frac{1}{2}\sigma_\mathrm{m}\varepsilon_\mathrm{m}\right)$$

应用体积应变胡克定律式（4-16），得到

$$u_\mathrm{v} = \frac{\sigma_\mathrm{m}^2}{2K} = \frac{3(1-2\nu)}{2E}\left(\frac{\sigma_1 + \sigma_2 + \sigma_3}{3}\right)^2 = \frac{1-2\nu}{6E}(\sigma_1 + \sigma_2 + \sigma_3)^2 \tag{4-24}$$

于是，形状应变比能

$$u_\mathrm{f} = u - u_\mathrm{v}$$

$$= \frac{1}{2E}[\sigma_1^2 + \sigma_2^2 + \sigma_3^2 - 2\nu(\sigma_1\sigma_2 + \sigma_2\sigma_3 + \sigma_3\sigma_1)] - \frac{1-2\nu}{6E}(\sigma_1 + \sigma_2 + \sigma_3)^2$$

$$= \frac{1+\nu}{3E}(\sigma_1^2 + \sigma_2^2 + \sigma_3^2 - \sigma_1\sigma_2 - \sigma_2\sigma_3 - \sigma_3\sigma_1)$$

$$= \frac{1+\nu}{6E}\left[(\sigma_1 - \sigma_2)^2 + (\sigma_2 - \sigma_3)^2 + (\sigma_3 - \sigma_1)^2\right] \tag{4-25}$$

*4.5　各向同性材料弹性常数间的关系

现在证明各向同性材料 E、ν、G 间存在如下关系式：

$$G = \frac{E}{2(1+\nu)}$$

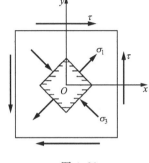

图 4-21

考察一点纯剪切应变状态(图 4-21)。纯剪切应变为纯形状应变(因为 $\sigma_m = 0$)。形状应变比能等于切应力在对应的切应变 γ 上所做之功，即

$$u_f = \frac{1}{2}\tau\gamma = \frac{\tau^2}{2G} \tag{a}$$

纯剪切应力状态为一种特殊的双轴应力状态：$\sigma_1 = \tau, \sigma_2 = 0, \sigma_3 = -\tau$，应用形状应变比能表达式(4-26)有

$$u_f = \frac{1+\nu}{6E}\left[(\sigma_1 - \sigma_2)^2 + (\sigma_2 - \sigma_3)^2 + (\sigma_3 - \sigma_1)^2\right]$$

$$= \frac{1+\nu}{6E}\left[\tau^2 + \tau^2 + (-2\tau)^2\right] = \frac{1+\nu}{E}\tau^2 \tag{b}$$

式(a)和式(b)是同一纯剪切应力状态的形状应变比能，故相等。于是得证。

习　　题

4-1　一板状拉伸试件如习题 4-1 图所示。为了测定试件的应变，在试件的表面贴上纵向和横向电阻丝片。在测定过程中，每增加 3 kN 的拉力时，测得试件的纵向线应变增量 $\varepsilon_1 = 120 \times 10^{-6}$ 和横向线应变增量 $\varepsilon_2 = -38 \times 10^{-6}$。求试件材料

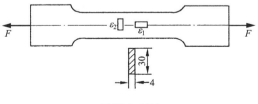

习题 4-1 图

的弹性模量和泊松比。

4-2 一钢试件如习题 4-2 图所示,其弹性模量 $E=200$ GPa,比例极限 $\sigma_p=200$ MPa,直径 $d=10$mm。用标距为 $l_0=100$mm、放大倍数为 500 的引伸仪测量变形,试问:当引伸仪的读数为 25 mm 时,试件的应变、应力及所受载荷各为多少?

习题 4-2 图

4-3 某电子秤的传感器为一空心圆筒形结构,如习题 4-3 图所示。圆筒外径 $D=80$ mm,厚度 $\delta=9$ mm,材料的弹性模量 $E=210$ GPa。设沿筒轴线作用重物后,测得筒壁产生的轴向线应变 $\varepsilon=-47.5\times10^{-6}$,试求此重物的重量 W。

4-4 某构件一点处于平面应力状态,已知该点最大剪应变 $\gamma_{max}=5\times10^{-4}$,并已知两互相垂直方向的正应力之和为 27.5 MPa,材料的弹性模量 $E=200$ GPa,$\nu=0.25$,试计算主应力的大小(提示:$\sigma_n + \sigma_{n+90°} = \sigma_x+\sigma_y=\sigma'+\sigma''$)。

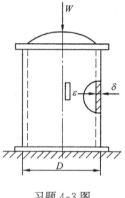

习题 4-3 图

4-5 求习题 4-5 图示单元体的体积应变 θ、应变比能 u 和形状应变比能 u_f。设 $E=200$ GPa,$\nu=0.3$(图中应力单位为 MPa)。

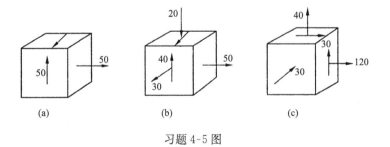

习题 4-5 图

4-6 习题 4-6 图示的应力状态(图中应力的量纲为 MPa)中,哪一应力状态只引起体积应变?哪一应力状态只引起形状应变?哪一应力状态既引起体积应变又引起形状应变?

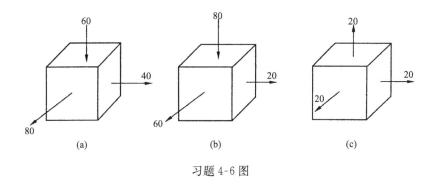

习题 4-6 图

4-7　试证明对于一般三向应力状态,若应力应变关系保持线性,则应变比能

$$u = \frac{1}{2E}\left[\sigma_x^2 + \sigma_y^2 + \sigma_z^2 - 2\nu(\sigma_x\sigma_y + \sigma_y\sigma_z + \sigma_z\sigma_x)\right] + \frac{1}{2G}(\tau_{xy}^2 + \tau_{yz}^2 + \tau_{zx}^2)$$

4-8　刚性足够大的块体上有一个长方槽(见习题 4-8 图),将一个 10 mm× 10 mm×10 mm 的铝块置于槽中。铝的泊松比 $\nu = 0.33$,弹性模量 $E = 70$ GPa。在铝块的顶面上作用均布压力,其合力 $F = 6$ kN。试求铝块内任意一点的三个主应力。

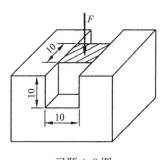

习题 4-8 图

第5章　杆件横截面上的应力分析

构件工作时,往往都是在应力最大的点先发生强度失效,因此,要进行强度计算首先必须分析构件横截面上应力是如何分布的? 最大应力发生在哪些点? 如何计算?

求解应力问题实际上是求解高次静不定问题(第6章详细讨论),仅由静力平衡方程不能求出所有解答,必须综合考虑以下三个方面:首先从变形方面分析,根据实验观察获得的表面现象,通过假设确立横截面上的应变分布规律;其次从物理方面,联系应变与应力之间的关系,建立横截面上的应力分布规律;最后从力学方面,建立静力平衡方程式。综合上述三个方面的分析结果,最终求得横截面上应力计算公式。

5.1　圆轴扭转横截面上的切应力

1. 变形几何关系

为观察变形,轴受力之前在其表面画上纵向线和圆周线,如图 5-1(a),然后施加外力偶矩(图 5-1(b))。在小变形情况下,可以观察到(扫描二维码,可观看扭转变形动画):

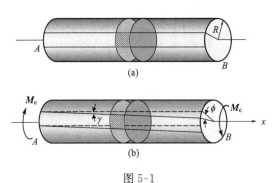

图 5-1

1) 各纵向线倾斜了同一个微小角度 γ,圆轴表面上由纵向线与圆周线组成的矩形格子,歪斜成菱形。

2) 各圆周线均围绕轴线旋转一个微小角度;圆周线的长度、形状和圆周线之间的距离均未改变。

　　根据观察到的表面变形,从变形的可能性出发,作由表及里的分析。假定圆周线反映了横截面的变形,可作出下列假设:圆轴扭转过程中横截面保持为平面,形状和大小不变,半径仍保持为直线。这也称为**平面假设**。按着这样的假设,扭转变形时横截面绕轴线做刚性转动。两截面相对旋转的角度 ϕ 称为**扭转角**。

　　在平面假设基础上,便可利用变形的几何关系,找出应变的分布规律。用 1-1 和 2-2 两个截面,从轴上取出一微段 $\mathrm{d}x$,再用夹角很小的两个纵截面在微段上切出一个楔形体,如图 5-2(a)所示。若 2-2 截面相对 1-1 截面的扭转角为 $\mathrm{d}\phi$,根据平面假设,2-2 截面上两个半径线 O_2D 和 O_2C 均旋转同一角度 $\mathrm{d}\phi$,而变到 O_2D' 和 O_2C' 的位置(图 5-2(b))。由图看出,圆轴表面的切应变 γ 可近似表示如下:

$$\gamma \approx \frac{DD'}{AD} = \frac{R\mathrm{d}\phi}{\mathrm{d}x}$$

显然,γ 发生在垂直于半径的平面内。

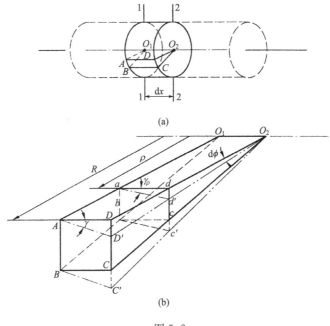

(a)

(b)

图 5-2

　　同理,距圆心为 ρ 的任一点处的切应变为

$$\gamma_\rho = \rho \frac{\mathrm{d}\phi}{\mathrm{d}x} \qquad\qquad (\mathrm{a})$$

式中,$\dfrac{\mathrm{d}\phi}{\mathrm{d}x}$ 表示相距单位长度两个截面间的相对扭转角,也称为**单位转角**。由于假

设横截面作刚性转动,故在同一横截面上 $\frac{\mathrm{d}\phi}{\mathrm{d}x}$ 为一常量。所以,式(a)表明,横截面上任意点的切应变 γ_ρ 与该点至圆心的距离 ρ 成正比。即横截面上切应变沿半径按线性规律变化。

2. 物理方面

切应力分布规律: 根据剪切胡克定律,横截面上距圆心为 ρ 的任意点处的切应力 τ_ρ 与该点处的切应变 γ_ρ 成正比,即

$$\tau_\rho = G\gamma_\rho$$

将式(a)代入上式,得

$$\tau_\rho = G\rho \frac{\mathrm{d}\phi}{\mathrm{d}x} \tag{b}$$

式(b)表明:圆轴扭转时,横截面上任意点的切应力 τ_ρ 随半径 ρ 按线性规律变化,当 $\rho=D/2$ 时,即在横截面周边上各点处,切应力最大;而当 $\rho=0$ 时,即在横截面的圆心处,切应力为零。半径相同处各点切应力大小相等,同一半径线上各点切应力方向相同,均与半径线相垂直(图 5-3)。

式(b)给出了切应力的分布规律,但因 $\frac{\mathrm{d}\phi}{\mathrm{d}x}$ 尚为未知,所以还不能根据式(b)计算横截面上任意点的切应力,为此进一步从力学方面进行分析。

3. 力学方面

在横截面上距圆心为 ρ 处取面积元素 $\mathrm{d}A$,其上切向内力元素 $\tau_\rho\mathrm{d}A$ 对 x 轴,即对圆心 O 的力矩为 $\rho\tau_\rho\mathrm{d}A$(图 5-3)。由此可得横截面上的扭矩

$$T = \int_A \rho\tau_\rho\mathrm{d}A \tag{c}$$

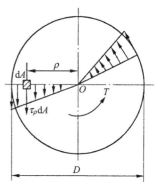

图 5-3

式中,A 为圆截面面积,将式(b)代入式(c),并将 $G\frac{\mathrm{d}\phi}{\mathrm{d}x}$ 提至积分号外,得

$$T = G\frac{\mathrm{d}\phi}{\mathrm{d}x}\int_A \rho^2\mathrm{d}A \tag{d}$$

用 I_p 表示式(d)中的积分,即令

$$I_\mathrm{p} = \int_A \rho^2\mathrm{d}A \tag{e}$$

I_p 是与横截面尺寸有关的几何量,称为横截面的**极惯性矩**(其计算见附录 A),于是式(d)可改写为

$$\frac{\mathrm{d}\phi}{\mathrm{d}x} = \frac{T}{GI_\mathrm{p}} \tag{5-1}$$

式(5-1)为单位长度扭转角计算公式,将其代入式(b),最后得

$$\tau_\rho = \frac{T}{I_p}\rho \tag{5-2}$$

上式即为圆轴扭转时横截面上切应力的计算公式。

前已指出,圆截面的最大切应力发生在横截面周边处,以 $\rho = D/2$ 代入式 (5-2),可得

$$\tau_{max} = \frac{T}{I_p} \cdot \frac{D}{2} \tag{5-3}$$

记

$$W_t = \frac{I_p}{\dfrac{D}{2}} \tag{5-4}$$

W_t 称为**抗扭截面模量**,是截面几何性质之一。于是式(5-3)可写为

$$\tau_{max} = \frac{T}{W_t} \tag{5-5}$$

式(5-5)为圆轴扭转时横截面上最大切应力的计算公式。

由于建立切应力计算公式时应用了剪切胡克定律,因此式(5-1)、式(5-2)、式(5-3)及式(5-5)等需在横截面上的最大切应力不超过材料的剪切比例极限 τ_p 的条件下使用。

扫描二维码,通过微课程学习圆轴扭转切应力公式推导。

例 5-1 一钢制阶梯轴如图 5-4(a)所示,已知 $M_{e_1} = 10 \text{ kN} \cdot \text{m}$, $M_{e_2} = 7$ $\text{kN} \cdot \text{m}$, $M_{e_3} = 3 \text{ kN} \cdot \text{m}$,试计算其最大切应力。

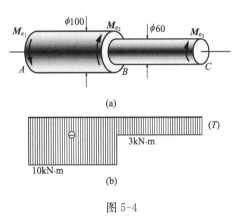

图 5-4

解　(1) 作扭矩图。用截面法求出 AB 段及 BC 段横截面上的扭矩分别为

$$T_{AB} = -10 \text{ kN} \cdot \text{m}, \quad T_{BC} = -3 \text{ kN} \cdot \text{m}$$

扭矩图如图 5-4(b)所示。

(2) 求最大切应力。由图 5-4(b)可见,最大扭矩发生在 AB 段,但 AB 段横截

面直径大,因此,为求最大切应力需分别计算 AB 和 BC 段横截面上的最大切应力并进行比较:

$$\tau_{\mathrm{max}AB}=\frac{T}{W_{\mathrm{t}}}=\left(\frac{10\times10^{3}}{\frac{\pi\times100^{3}}{16}\times10^{-9}}\right)\mathrm{Pa}=50.9\times10^{6}\,\mathrm{Pa}=50.9\,\mathrm{MPa}$$

$$\tau_{\mathrm{max}BC}=\frac{T}{W_{\mathrm{t}}}=\left(\frac{3\times10^{3}}{\frac{\pi\times60^{3}}{16}\times10^{-9}}\right)\mathrm{Pa}=70.7\times10^{6}\,\mathrm{Pa}=70.7\,\mathrm{MPa}$$

可见,最大切应力发生在 BC 段轴各横截面的边缘上各点,其值为 $\tau_{\mathrm{max}}=70.7\,\mathrm{MPa}$。

例 5-2 一直径 $d=80\,\mathrm{mm}$ 的等截面圆轴,材料的 $E=200\,\mathrm{GPa}$,$\nu=0.3$,受一对力偶作用,如图 5-5(a)所示,但力偶 M_{e} 的大小未知。现想用电阻应变测量的方法得到 M_{e} 的大小,应如何设计测量方案?

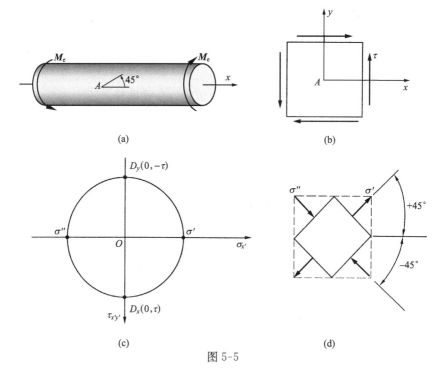

图 5-5

解 由本节的分析可知,轴表面任一点均处于平面应力状态,如 A 点其应力状态如图 5-5(b)所示。由式(5-5)有

$$\tau=\frac{T}{W_{\mathrm{t}}}=\frac{M_{\mathrm{e}}}{W_{\mathrm{t}}} \tag{a}$$

画出 A 点的应力圆,如图 5-5(c),由应力圆可知两个主应力分别为 $\sigma'=\tau,\sigma''=$

$-\tau$,其方向分别为$+45°$和$-45°$。由主微元体图(图 5-5(d))可知,过 A 点只要测出一个主应变ε'($+45°$方向)或ε''($-45°$方向),即可推出 M_e,因为

$$\varepsilon' = \frac{1}{E}(\sigma' - \nu\sigma'') = \frac{1}{E}[\tau - \nu(-\tau)] = \frac{\tau}{E}(1+\nu)$$

所以
$$\tau = \frac{E}{1+\nu}\varepsilon' \tag{b}$$

由式(a) 得
$$M_e = \tau W_t = \frac{E}{1+\nu}\varepsilon'W_t \tag{c}$$

例如,测得$+45°$方向的线应变$\varepsilon' = 100\times10^{-6}$,代入式(c)得

$$M_e = \left[\frac{200\times10^9}{1+0.3}\times100\times10^{-6}\times\frac{\pi}{16}\times80^3\times10^{-9}\right]\text{N}\cdot\text{m} = 1550\ \text{N}\cdot\text{m}$$

通过扭转实验发现,塑性材料扭转破坏的断口沿横截面,脆性材料扭转破坏断口沿与轴线成 $45°$方向,请读者分析它们分别是由何种应力分量产生的破坏。

*5.2　矩形截面杆扭转结果简介

工程实际中常会遇到矩形截面杆的扭转问题,例如,曲轴的曲柄臂为矩形截面。还有如工字形、槽形等型钢的截面可以看成是由多个矩形组合而成的截面。

图 5-6 表示矩形截面杆受扭转的情况 ,在杆的表面上绘出互相正交的纵向线及横向线,扭转后横向线变成了曲线,可见,横截面产生了翘曲。因此,对于矩形截面杆的扭转,平面假设不再适用。

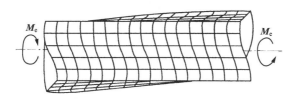

图 5-6

杆件扭转时若各横截面可自由翘曲且相邻两横截面翘曲情况完全相同,称这种扭转为**自由扭转**。自由扭转时,横截面上将只产生切应力而没有正应力。当截面的翘曲受到约束时,称为**约束扭转**。约束扭转时横截面上除切应力外同时还有正应力作用。一般说来,实心截面杆受约束扭转所引起的正应力很小,可以忽略不计。但对薄壁杆件来说,约束扭转引起的正应力常常是不可忽视的。

矩形截面杆扭转时的应力变形分析,已超出了材料力学课程范围,本节只对自由扭转时的主要结果作扼要的介绍。

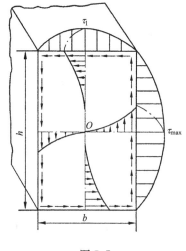

图 5-7

图 5-7 表示用弹性力学[1]方法求得的矩形截面杆自由扭转时横截面上切应力的分布情况。最大切应力 τ_{max} 发生在矩形长边中点处，短边中点的切应力为 τ_1。τ_{max}、τ_1 和扭转角 ϕ（圆截面杆的扭转角 ϕ 将在 6.2 节讨论）的计算公式为

$$\tau_{max} = \frac{T}{\alpha b^2 h} \tag{5-6}$$

$$\tau_1 = \gamma \tau_{max} \tag{5-7}$$

$$\phi = \frac{Tl}{G\beta b^3 h} \tag{5-8}$$

式中，α、β、γ 是与横截面的高度与宽度的比值 h/b 有关的系数，可由表 5-1 查得。

表 5-1　矩形截面杆扭转时的系数 α、β 和 γ

h/b	1.0	1.2	1.5	2.0	2.5	3.0	4.0	6.0	8.0	10.0	∞
α	0.208	0.219	0.231	0.246	0.258	0.267	0.282	0.299	0.307	0.313	0.33
β	0.141	0.166	0.196	0.229	0.249	0.263	0.281	0.299	0.307	0.313	0.333
γ	1.000	0.930	0.858	0.796	0.767	0.753	0.745	0.743	0.743	0.743	0.743

　　由图 5-7 可见，横截面边缘上各点的切应力与边缘相切，四个角点处的切应力为零。这一结果用切应力互等定理很容易得到证实。用反证法，设边缘线上任一点的切应力 τ 不与边缘相切（图 5-8），则该切应力可分解成两个分量 τ_t 及 τ_n。τ_t 沿边缘线切线方向，τ_n 与边缘线相垂直。根据切应力互等定理，在杆的侧表面上应有与 τ_n 大小相等、方向相背的切应力 τ_n' 存在，但侧表面为自由表面，无外力作用，τ_n' 应等于零。因而，垂直于边缘线的切应力分量 τ_n 亦应为零，即 $\tau_n = 0$，所以边缘线上各点的切应力应与边缘相切。同理，可以证明矩形截面四个角点处的切应力必为零。建议读者自行证明之。

　　当 $h/b > 10$ 时，截面将成狭长矩形，从表 5-1 可见，这时 $\alpha = \beta \approx 1/3$。用 b 表示狭长矩形短边的长度，式(5-6)及式(5-8)可化为

$$\tau_{max} = \frac{3T}{b^2 h} \tag{5-9}$$

$$\phi = \frac{3Tl}{Gb^3 h} \tag{5-10}$$

① 徐芝纶. 弹性力学. 北京:高等教育出版社,2003

式(5-9)及式(5-10)为狭长矩形截面杆受扭转时横截面上最大切应力及扭转角的计算公式。图 5-9 给出了狭长矩形边缘线上切应力的分布情况,由图可见,狭长矩形长边上切应力变化已趋于平缓,除两端外,大部分点的切应力均与 τ_{max} 相等。

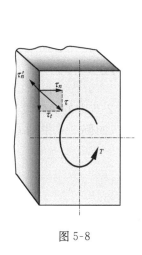

图 5-8

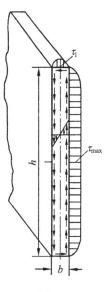

图 5-9

例 5-3　矩形截面直杆受纯扭转作用,如图 5-10 所示,已知长 $l=100$ cm,截面高度 $h=30$ mm,宽度 $b=20$ mm,所受扭转力偶矩 $M_e=0.5$ kN·m,材料的剪切弹性模量 $G=80$ GPa,试求横截面上最大切应力 τ_{max} 及截面边缘线上短边中点的切应力 τ_1 和扭转角 ϕ。

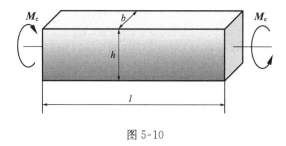

图 5-10

解　截面的高宽比为

$$\frac{h}{b}=\frac{30}{20}=1.5$$

由表 5-1 查得　　　　　$\alpha=0.231,\quad \beta=0.196,\quad \gamma=0.858$

长边中点的切应力按式(5-6)进行计算

$$\tau_{\max} = \frac{T}{\alpha b^2 h} = \left(\frac{0.5 \times 10^3}{0.231 \times 20^2 \times 10^{-6} \times 30 \times 10^{-3}} \right) \mathrm{Pa} = 180 \ \mathrm{MPa}$$

由式(5-7)得短边中点的切应力为

$$\tau_1 = \gamma \tau_{\max} = (0.858 \times 180) \ \mathrm{MPa} = 154 \ \mathrm{MPa}$$

按式(5-8)求得扭转角为

$$\phi = \frac{Tl}{G\beta b^3 h} = \left(\frac{0.50 \times 10^3 \times 100 \times 10^{-2}}{80 \times 10^9 \times 0.196 \times 20^3 \times 10^{-9} \times 30 \times 10^{-3}} \right) \mathrm{rad} = 0.133 \ \mathrm{rad}$$

5.3　平面弯曲梁横截面上的正应力

一般情况下,梁的各截面既有剪力又有弯矩,如例 2-6 中的 AC 段,这种弯曲称为**剪力弯曲**。当梁的各截面剪力为零而只有弯矩时,如例 2-6 中的 CB 段称为**纯弯曲**。我们首先讨论纯弯曲梁横截面上的正应力。

5.3.1　纯弯曲梁的正应力

同 5.1 节圆轴扭转横截面上的切应力分析一样,仍从三个方面来讨论。

1. 变形方面

纯弯曲梁横截面上只有弯矩 M_z,由弯矩的定义我们知道,它只能是横截面上法向内力的合力偶矩,所以它必然与正应力有关。为此,我们首先通过观察变形找出与正应力相应的纵向线应变的变化规律。

取一根具有纵向对称面的直梁,例如,图 5-11(a)所示的矩形截面梁,并在梁的侧面画出垂直于轴线的横向线(如 m-m、n-n)和平行于轴线的纵向线(如 a-a、b-b)。然后在梁的两端加一对转向相反且作用在纵向对称面内的外力偶 M_e,梁的变形如图 5-11(b)所示。

对比梁在变形前(图 5-11(a))与变形后(图 5-11(b))的形态,发现:

1) 各纵向线在梁变形后均弯成了弧线(如 a-a 弯成 $\overset{\frown}{a'a'}$,b-b 弯成 $\overset{\frown}{b'b'}$),靠顶面的纵向线缩短了,靠底面的纵向线伸长了。

2) 各横向线在梁变形后仍为直线,但相对转过了一定角度,且仍然与弯曲后的纵向线保持正交。

扫描二维码,可观看纯弯曲变形动画。

根据所观察到的表面变形现象,对内部的变形进行推理,作出如下假设:纯弯曲梁在变形过程中,横截面始终保持为平面并作相对转动,与变形后的轴线仍保持正交。这一假设一般也称为**平面假设**。该假设已被实验和弹性理论的精确分析所证实。

　　设想梁是由一条条纵向纤维组成的,并且各纵向纤维间互不挤压。由于在变形过程中靠顶面的纤维缩短,靠底面的纤维伸长,根据变形的连续性,中间必有一层纵向纤维既不伸长也不缩短,这层纤维称为**中性层**,如图 5-12 所示。中性层与横截面的交线称为**中性轴**(用 z 表示)。由于外力偶作用在梁的纵向对称面内,故梁变形后的形状也应该对称于此平面,因此中性轴 z 必然垂直于横截面的对称轴 y。设过 y、z 轴的交点且垂直于 yz 平面的轴为 x 轴,这样构成了直角坐标系。

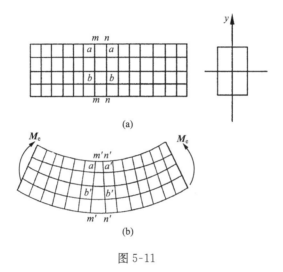

图 5-11

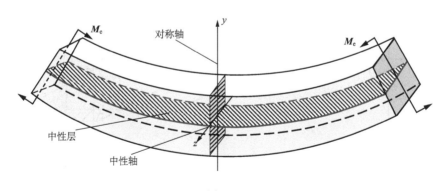

图 5-12

　　考察纯弯曲梁某一微段 $\mathrm{d}x$ 的变形(图 5-13),$\overline{oo}$ 为变形前位于中性层的线段。设变形后微段左、右两个截面的相对转角为 $\mathrm{d}\theta$,中性层的曲率半径为 ρ,则距中性层为 y 处的任一层纵向纤维$\overline{aa}$变形后的弧长 $\overset{\frown}{a'a'}$ 为

$$\overset{\frown}{a'a'} = (\rho - y)\mathrm{d}\theta$$

由此得距中性层为 y 处的任一层纵向纤维的线应变

$$\varepsilon_x = \frac{\widehat{a'a'} - \overline{aa}}{\overline{aa}} = \frac{(\rho - y)\mathrm{d}\theta - \rho\mathrm{d}\theta}{\rho\mathrm{d}\theta} = -\frac{y}{\rho} \tag{a}$$

上式表明,线应变 ε_x 随 y 按线性规律变化。当 y 为正时,应变为负是压应变,y 为负时,应变为正是拉应变。

2. 物理方面

因假设梁在变形过程中各纵向纤维互不挤压,且材料拉、压弹性模量 E 相等,则由单向胡克定律得

$$\sigma_x = E\varepsilon_x = -E\frac{y}{\rho} \tag{b}$$

式(b)表明,纯弯曲时梁横截面上的正应力沿垂直中性轴方向(y 方向)线性分布,中性轴处 $y=0$,因而 $\sigma_x=0$。距中性轴等距离各点的正应力数值相等。在中性轴的两侧,一侧受压应力(y 为正时),一侧受拉应力(y 为负时),应力分布如图5-14所示。

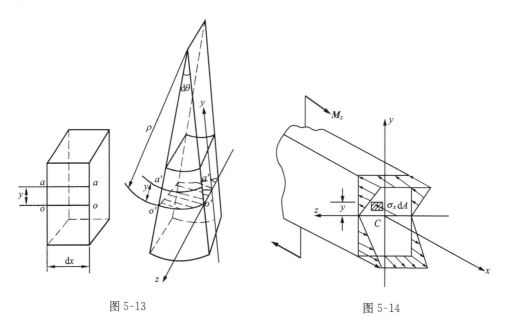

图 5-13　　　　　　　　　　　　　　　　　　图 5-14

3. 静力学方面

前面的式(b)反映了正应力的分布规律,但因截面中性轴 z 的位置及中性层的曲率半径 ρ 尚未确定,所以还不能定量求出正应力的大小,这需要考虑静力学关系。

在图 5-14 所示的图中,取一面积元素 $\mathrm{d}A$,其上的法向内力元素为 $\sigma_x\mathrm{d}A$。现

考察 $\sum F_x = 0$，$\sum M_y = 0$，$\sum M_z = 0$ 三个平衡条件(另三个方程自动平衡)。

中性轴的位置　由于所讨论的纯弯曲梁横截面上没有轴力，$F_N = 0$，故由 $\sum F_x = 0$，得

$$\int_A \sigma_x \mathrm{d}A = 0 \tag{c}$$

将式(b)代入式(c)，得

$$\int_A -E\frac{y}{\rho}\mathrm{d}A = -\frac{E}{\rho}\int_A y\,\mathrm{d}A = 0$$

式中，$\dfrac{E}{\rho}$ 恒不为零，故应有

$$\int_A y\,\mathrm{d}A = 0 \tag{d}$$

由附录 A 我们知道，上式是截面对中性轴 z 的**静矩**。注意静矩为零的轴是截面的形心轴，所以式(d)表明，**中性轴 z 通过截面形心 C**，是形心轴，中性层与梁的轴线相重合。

由 $\sum M_y = 0$，得

$$\int_A z\sigma_x \mathrm{d}A = 0$$

将式(b)代入上式，得

$$\int_A -z\frac{E}{\rho}y\,\mathrm{d}A = -\frac{E}{\rho}\int_A zy\,\mathrm{d}A = 0$$

上式中，积分 $\displaystyle\int_A zy\,\mathrm{d}A$ 为横截面对 y、z 这一对轴的**惯性积**，由于 y 轴为对称轴，由附录 A 我们知道，该惯性积为零。平衡条件 $\sum M_y = 0$ 能够得到满足。

中性层的曲率半径　纯弯曲时，各横截面上的弯矩 M_z 均相等。因此，由 $\sum M_z = 0$ 可得

$$-M_z + \int_A \sigma_x \mathrm{d}A \cdot y = 0 \tag{e}$$

因列平衡方程式(e)时已经考虑了 σ_x 的方向，故只需将 σ_x 的表达式(b)的绝对值代入式(e)，得

$$-M_z + \int_A \frac{E}{\rho}y\,\mathrm{d}A \cdot y = 0$$

即

$$M_z = \frac{E}{\rho}\int_A y^2\,\mathrm{d}A$$

上式右端的积分是横截面对 z 轴的惯性矩 I_z，改写上式得

$$\frac{1}{\rho} = \frac{M_z}{EI_z} \tag{5-11}$$

式中，$1/\rho$ 是中性层的曲率，即梁的轴线挠曲后的曲率。称 EI_z 为**抗弯刚度**，其值越大，挠曲的曲率越小。式(5-11)为梁的变形计算奠定了基础。

弯曲正应力计算公式　将式(5-11)代入式(b)中，得

$$\sigma_x = -\frac{M_z}{I_z}y \tag{5-12}$$

上式即为纯弯曲梁横截面上的正应力计算公式。虽然在分析中我们把梁的横截面画成了矩形,但推导中并没有用到矩形截面的几何性质。所以,只要梁横截面有一个对称轴(y 轴),而且载荷作用在对称轴所在的纵向对称面内,式(5-11)、式(5-12)都适用。

由式(5-12)可见,最大正应力发生在距中性轴最远的点上。用 $|y|_{\max}$ 表示距中性轴最远点的距离,则最大弯曲正应力的绝对值为

$$|\sigma_x|_{\max} = \frac{|M_z|}{I_z}|y|_{\max}$$

或写成

$$|\sigma_x|_{\max} = \frac{|M_z|}{W_z} \tag{5-13}$$

式中

$$W_z = \frac{I_z}{|y|_{\max}} \tag{5-14}$$

称为**抗弯截面模量**,是仅与截面形状尺寸有关的几何量。当用式(5-12)或者式(5-13)计算应力时,可不考虑 M_z、y 的正负号,而直接由梁的变形来确定所求应力的正、负号。

几种常见截面抗弯截面模量如下:

对图 5-15(a)所示的矩形截面　　　　　$W_z = \dfrac{bh^2}{6}$

对图 5-15(b)所示的圆形截面　　　　　$W_z = \dfrac{\pi D^3}{32}$

对图 5-15(c)所示的空心圆截面　　　　$W_z = \dfrac{\pi D^3}{32}(1-\alpha^4)$, $\alpha = \dfrac{d}{D}$

工程上常用的各种型钢,其截面几何量 I_z、W_z 等可从附录 B 中查得。

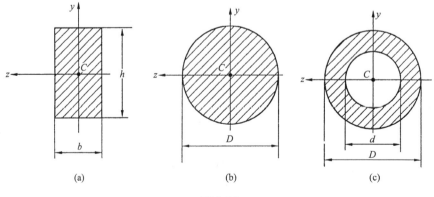

图 5-15

例 5-4　求图 5-16(a)所示梁 n-n 截面 a、b、c、d 四点的应力,并绘出 a、b 两点的直径线及过 c、d 两点弦线上各点的应力分布图。

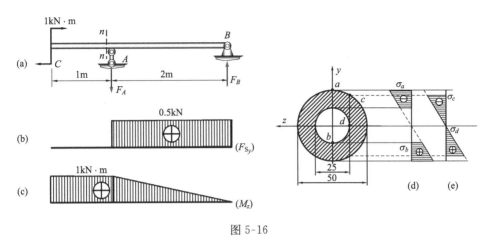

图 5-16

解　求约束力:

$$F_A = 0.5 \text{ kN}, \quad F_B = 0.5 \text{ kN}$$

作内力图如图 5-16(b)(c)所示。

由 M_z 图知道 n-n 截面的弯矩值 $M_z = 1$ kN · m,因为此处剪力为零,属纯弯曲。由公式(5-12)

$$\sigma = -\frac{M_z}{I_z} y$$

进行计算,本题中

$$M_z = 1 \text{ kN} \cdot \text{m}$$

$$I_z = \frac{\pi}{64}(D^4 - d^4) = \left[\frac{\pi}{64}(50^4 - 25^4) \times (10^{-3})^4\right] \text{ m}^4 = 2.88 \times 10^{-7} \text{ m}^4$$

a 点:

$$y_a = \frac{D}{2} = 25 \text{ mm}$$

$$\sigma_{x_a} = -\frac{M_z}{I_z} y_a = \left(-\frac{1 \times 10^3}{2.88 \times 10^{-7}} \times 25 \times 10^{-3}\right) \text{ MPa} = -86.8 \text{ MPa}(压)$$

b 点:

$$y_b = -\frac{d}{2} = -12.5 \text{ mm}$$

$$\sigma_{x_b} = -\frac{M_z}{I_z} y_b = \left(-\frac{1 \times 10^3}{2.88 \times 10^{-7}} \times (-12.5) \times 10^{-3}\right) \text{ MPa} = 43.4 \text{ MPa}(拉)$$

c 点：

$$y_c = (\frac{D^2}{4} - \frac{d^2}{4})^{\frac{1}{2}} = \left[(\frac{50^2}{4} - \frac{25^2}{4})^{\frac{1}{2}} \right] \text{mm} = 21.7 \text{ mm}$$

$$\sigma_{x_c} = -\frac{M_z}{I_z} y_c = \left(-\frac{1 \times 10^3}{2.88 \times 10^{-7}} \times 21.7 \times 10^{-3} \right) \text{MPa} = -75.3 \text{ MPa}（压）$$

d 点：

$$y_d = 0, \quad \sigma_d = 0$$

过 a、b 直径线及过 c、d 弦线上的应力分布如图 5-16(d)(e)所示。

*5.3.2　非对称截面梁的纯弯曲

前面讨论了对称截面梁当外力偶作用在对称平面内时，横截面上的正应力计算。对于非对称截面梁来说，只要外力偶的作用面与横截面的一个主轴所在纵向平面相重合，发生的仍为平面弯曲，公式(5-12)仍然适用。现说明如下。

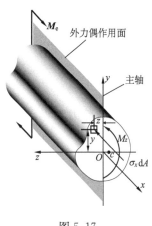

图 5-17

图 5-17 为一非对称截面实体梁，当其纯弯曲时，平面假设仍然成立。因此，前面变形及物理方面导出的式(a)(b)仍然有效。下面讨论力学方面。在图 5-17 所示的非对称截面梁的横截面上，任设一轴为中性轴 z，外力偶作用平面与横截面的交线为 y 轴，过 y、z 轴的交点 O 并与横截面相垂直的轴为 x 轴。由平衡条件 $\sum F_x = 0$，并利用前面的式(b)，仍可得

$$F_N = \int_A \sigma_x \mathrm{d}A = -\frac{E}{\rho} \int_A y \mathrm{d}A = 0$$

上式表明中性轴 Oz 仍过截面形心，为形心轴。其次由平衡条件 $\sum M_z = 0$，推出与式(5-11)及式(5-12)完全相同的曲率及正应力计算公式。最后由平衡条件 $\sum M_y = 0$，得

$$\int_A z\sigma_x \mathrm{d}A = -\frac{E}{\rho} \int_A yz \mathrm{d}A = 0$$

注意 z 轴为中性轴，而 y 轴为外力偶作用面与横截面的交线。当外力偶作用平面与横截面的一个主轴所在的纵向平面相重合时，即 y、z 轴为主轴时（图 5-17），上式仍可成立。所以，对于非对称截面的实体梁，为发生平面弯曲，外力偶的作用平面应与梁的一个形心主轴所在的纵向平面（形心主惯性平面）相重合或相平行，这时，与外力偶作用平面相垂直的另一个通过形心的主轴即为中性轴。

5.3.3　纯弯曲正应力公式及曲率公式的推广

式(5-11)、式(5-12)是在纯弯曲条件下推导出来的,它的基础是平面假设和纵向纤维间互相不挤压。在剪力弯曲时,由于横截面上剪力的影响,变形后,横截面要发生翘曲(见 5.4 节),平面假设不再成立。另一方面由于横向力的作用,各纵向纤维出现互相挤压作用。但是精确的理论分析和大量的实验都表明,当梁的长度 l 与截面的高度 h 之比足够大时($l/h>5$),上述两个因素对横截面上的正应力分布及数值的影响很小。所以式(5-11)、式(5-12)用于剪力弯曲下曲率及正应力的计算已有足够的精度,能满足工程要求。

*5.4　弯曲切应力

剪力弯曲时,梁横截面上的内力除弯矩 M_z 外还有剪力 F_{S_y}。在 5-3 节中已阐明,弯矩是横截面上与正应力相关的内力,显然剪力应该是与切应力相关的内力。本节以矩形截面梁为例,详细讨论切应力分析的一般方法,对其他截面形状的梁只作简单介绍。

5.4.1　矩形截面梁的切应力

弯曲正应力的分布规律已在平面假设的基础上推出来了,弯曲切应力的分布规律与横截面上的正应力分布有关,不是完全独立的。但是,由于梁的整体平衡,其任一部分都应满足平衡条件。因此,在已知正应力分布的基础上,考虑局部梁块的平衡,就可推出切应力的表达式。

在图 5-18(a)所示的矩形截面梁上,截取长为 $\mathrm{d}x$ 的微段。作用在微段左右两截面上的剪力为 F_{S_y},弯矩分别为 M_z 及 $M_z+\mathrm{d}M_z$,如图 5-18(b)所示(由于 $\dfrac{\mathrm{d}M_z}{\mathrm{d}x}=-F_{\mathrm{S}_y}$,对于一个正的剪力 F_{S_y},弯矩的变化 $\mathrm{d}M_z=-F_{\mathrm{S}_y}\mathrm{d}x$,因此,$M_z>M_z+\mathrm{d}M_z$)。为建立切应力计算公式,特对横截面上的切应力分布作如下假设(图 5-18(c)):

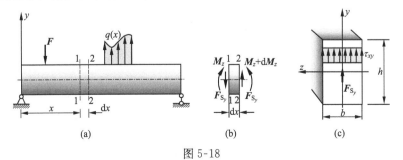

图 5-18

1) 横截面上各点的切应力方向均与两个侧边平行,即与 F_{S_y} 平行;

2) 切应力沿截面宽度均匀分布。

在图 5-18(b)所示的微段上,用距中性层为 y 的 m-m 截面截取出部分梁块如图 5-19(a)所示。该部分左、右两个侧面上分别作用有弯矩 M_z 及 $M_z+\mathrm{d}M_z$ 引起的正应力 σ_{x_1} 及 σ_{x_2}。此外两个侧面上还作用有切应力 τ_{xy},根据切应力互等定理,截出部分的 m-m 面上也作用有切应力 τ_{yx},其值与距中性层为 y 处横截面上的切应力 τ_{xy} 相等(图 5-19(a)(b))。设截出部分两个侧面 1-m 及 2-m 上的法向内力元素 $\sigma_{x_1}\mathrm{d}A$ 及 $\sigma_{x_2}\mathrm{d}A$ 组成的在 x 轴方向的法向内力分别为 $F_{N_1}{}^*$ 及 $F_{N_2}{}^*$,则 $F_{N_2}{}^*$ 可表示为

$$F_{N_2}{}^* = \int_{A^*} \sigma_{x2}\mathrm{d}A = \int_{A^*} \frac{M_z+\mathrm{d}M_z}{I_z} y^* \mathrm{d}A$$

$$= \frac{M_z+\mathrm{d}M_z}{I_z}\int_{A^*} y^* \mathrm{d}A = \frac{M_z+\mathrm{d}M_z}{I_z}S_z^* \tag{a}$$

同理　　　　　　　　　$$F_{N_1}{}^* = \frac{M_z}{I_z}S_z^* \tag{b}$$

式中,S_z^* 为截出部分的左侧或右侧的横截面面积 A^*(简称部分面积)对中性轴 z 的静矩。

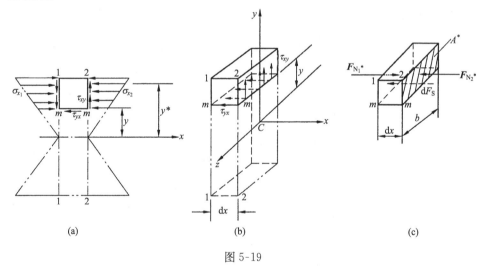

图 5-19

设 m-m 面上切应力 τ_{yx} 的合力为 $\mathrm{d}F_S$,则

$$\mathrm{d}F_S = \tau_{yx}b\mathrm{d}x \tag{c}$$

考虑截出部分 1-m,2-m 的平衡(图 5-19(c)),由 $\sum F_x=0$,得

$$F_{N_1}{}^* - F_{N_2}{}^* - \mathrm{d}F_S = 0 \tag{d}$$

将式(a)、式(b)及式(c)代入式(d),化简后得

$$\tau_{yx} = -\frac{dM_z}{dx}\frac{S_z^*}{bI_z} = \frac{F_{S_y}S_z^*}{bI_z}$$

注意上式中用到了$\frac{dM_z}{dx} = -F_{S_y}$。由切应力互等定理 $\tau_{xy} = \tau_{yx}$,于是得矩形截面梁横截面上切应力计算公式为

$$\tau_{xy} = \frac{F_{S_y}S_z^*}{bI_z} \tag{5-15}$$

式中,F_{S_y} 为横截面上的剪力(绝对值),b 为截面宽度,I_z 为横截面对中性轴 z 的惯性矩,S_z^* 为部分面积对 z 轴的静矩(绝对值)。切应力 τ_{xy} 的方向同剪力 F_{S_y} 一致。

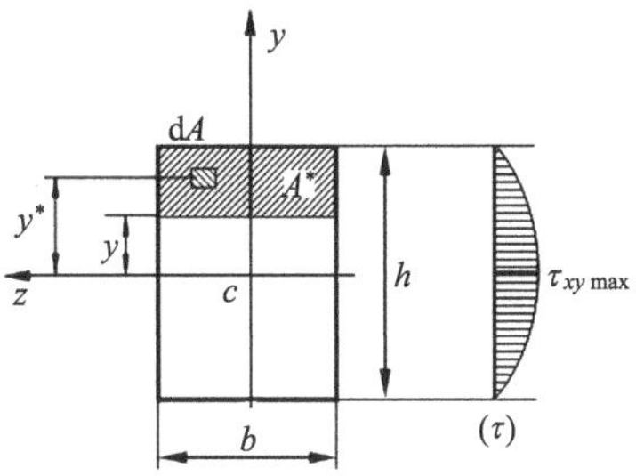

式(5-15)是在横截面上的切应力沿截面宽度均匀分布且与 F_{S_y} 相平行的假设下推出来的,在截面高度 h 大于宽度 b,特别是狭长矩形截面的情况下,公式(5-15)与精确解相比有足够的准确度。

图 5-20

对于给定的高为 h 宽为 b 的矩形截面(图5-20),计算出部分面积对中性轴的静矩。

$$S_z^* = \int_{A^*} y^* dA = \int_y^{h/2} y^* b dy^* = \frac{b}{2}\left(\frac{h^2}{4} - y^2\right)$$

代入式(5-15)得
$$\tau_{xy} = \frac{F_{S_y}}{2I_z}\left(\frac{h^2}{4} - y^2\right) \tag{5-16}$$

由式(5-16)可见,矩形截面梁其横截面上的切应力 τ_{xy} 沿截面高度按抛物线规律变化。当 $y = \pm\frac{h}{2}$ 时,即截面的上、下边缘上各点的切应力 $\tau_{xy} = 0$,当 $y = 0$ 时,即截面的中性轴上各点的切应力最大,其值为

$$\tau_{xy_{max}} = \frac{F_{S_y}h^2}{8I_z}$$

将 $I_z = \frac{bh^3}{12}$ 代入上式,得
$$\tau_{xy_{max}} = \frac{3}{2}\frac{F_{S_y}}{bh} \tag{5-17}$$

可见,矩形截面梁横截面上的最大切应力为平均切应力 $\bar{\tau}_{xy} = \frac{F_{S_y}}{bh}$ 的 1.5 倍。

根据剪切胡克定律,由式(5-16)可得

$$\gamma_{xy} = \frac{\tau_{xy}}{G} = \frac{F_{Sy}}{2GI_z}\left(\frac{h^2}{4} - y^2\right) \tag{5-18}$$

上式表明,横截面上的切应变沿截面高度也按抛物线规律变化,这说明梁变形后横截面不再是平面,将发生翘曲。

5.4.2 工字形截面梁的切应力

工字形截面梁,如图 5-21(a)所示,由上、下翼缘和腹板组成。由于腹板呈狭长矩形,所以其切应力的计算与矩形截面梁相同

$$\tau_{xy} = \frac{F_{S_y} S_z^*}{d I_z} \tag{5-19}$$

其中,d 为腹板的厚度。切应力的分布规律仍为抛物线分布,见图 5-21(c),最大切应力在中性轴上,其值为

$$\tau_{xy_{\max}} = \frac{F_{S_y}}{d (I_z / S_{z\max}^*)} \tag{5-20}$$

对于轧制的工字钢,式中 $I_z / S_{z\max}^*$ 的值可由附录 B 中查得。

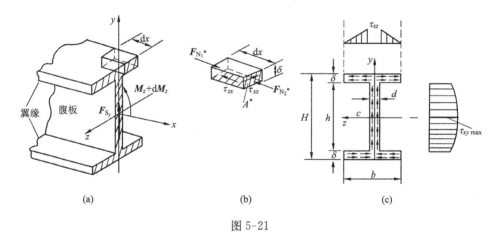

图 5-21

工字形截面梁翼缘上的切应力分布比较复杂。因其宽度 b 大于厚度 δ,不能再假设切应力按宽度方向均匀分布,切应力方向也不再是与剪力 $\boldsymbol{F}_{S_y}$ 的方向一致。每一点的切应力有 y、z 两个方向的分量,由于 b 远大于 δ 的原因,y 方向切应力分量的值非常小,通常无实际计算意义。计算 z 方向(平行翼缘方向)的切应力分量,应用与推证矩形截面梁切应力公式相类似的方法(图 5-21(b)),可得到计算公式

$$\tau_{xz} = \frac{F_{S_y} S_z^*}{\delta I_z} \tag{5-21}$$

计算出 S_z^* 后可以发现,平行翼缘的切应力 τ_{xz} 是沿 z 方向线性分布的(读者可自己

完成),分布图见图 5-21(c),其最大切应力一般小于腹板上的最大切应力。截面上的切应力与周边相切,形成图示的**切应力流**(图 5-21(c))。

5.4.3　圆形截面梁的切应力

由切应力互等定理可知,圆形截面梁横截面边缘上各点的切应力与圆周相切。因此,不能直接引用前述切应力分布假设,需略作修改。在距 z 轴为 y 的水平弦 AB 的两个端点,与圆周相切的两个切应力相交于 y 轴上的某点 p(图 5-22(a)),此外,由于对称,AB 中点的切应力也通过 p 点。由此可以假设,AB 弦上各点的切

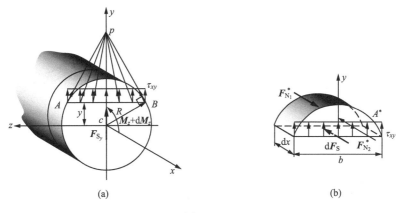

图 5-22

应力都通过 p 点,并假设各点 y 方向的切应力分量 τ_{xy} 均相等,于是就可用类似于推证矩形截面梁的切应力的方法来确定 τ_{xy}(图 5-22(b)),即

$$\tau_{xy} = \frac{F_{S_y} S_z^*}{b I_z} \tag{5-22}$$

b 为弦线的长度。通过计算便可知道,最大切应力发生在中性轴上,其值为

$$\tau_{xy_{max}} = \frac{4}{3} \frac{F_{S_y}}{\pi R^2} \tag{5-23}$$

由上式可见圆截面的最大切应力为平均切应力的 $1\frac{1}{3}$ 倍。

5.4.4　环形截面梁的切应力

对于壁厚 δ 远小于平均半径 R 的环形截面梁,由于 δ 很小,可以认为切应力沿厚度均匀分布并与圆周相切。据此,可用分析矩形截面梁切应力的方法来分析环形截面梁的切应力(读者可参考图 5-23 自行完成),其计算公式为

$$\tau = \frac{F_{S_y} S_z^*}{2\delta I_z} \tag{5-24}$$

最大切应力在中性轴上,为

$$\tau_{\max} = \frac{F_{S_y}}{\pi R \hat{\delta}} \tag{5-25}$$

是平均切应力的 2 倍。

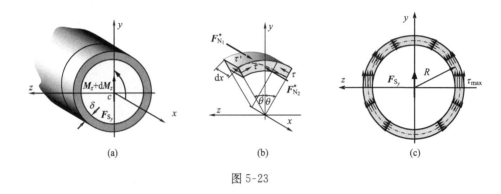

图 5-23

例 5-5 图 5-24(a)所示外伸梁,材料为 22a 工字钢,求梁的最大正应力 $|\sigma_x|_{\max}$ 及最大切应力 $|\tau_{xy}|_{\max}$。绘出支座 A 右侧截面 a、b、c 三点的应力状态图。

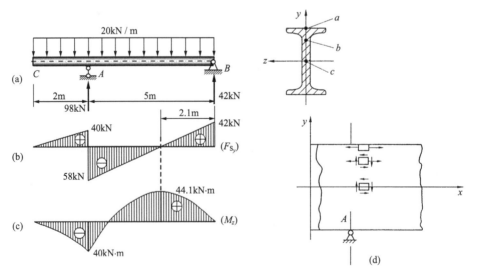

图 5-24

解 求出约束力 $F_A = 98$ kN, $F_B = 42$ kN。

绘出 F_{S_y}、M_z 图如图 5-24(b)、图 5-24(c)所示,由图可见

$$|F_{S_y}|_{\max} = 58 \text{ kN}, \quad |M_z|_{\max} = 44.1 \text{ kN} \cdot \text{m}$$

由附录 B 查得 22a 工字钢的抗弯截面模量 $W_z = 309 \text{ cm}^3$，所以最大正应力为

$$|\sigma_x|_{\max} = \frac{|M|_{\max}}{W_z} = \left(\frac{44.1 \times 10^3}{309 \times 10^{-6}}\right) \text{Pa} = 142.7 \times 10^6 \text{ Pa} = 142.7 \text{ MPa}$$

由式(5-20)，并由附录 B 查得 $I_z/S^*_{z\max} = 18.9 \text{ cm}$，$d = 7.5 \text{ mm}$，则最大切应力为

$$|\tau_{xy}|_{\max} = \frac{|F_{S_y}|_{\max}}{d \cdot I_z/S^*_z} = \left(\frac{58 \times 10^3}{7.5 \times 10^{-3} \times 18.9 \times 10^{-2}}\right) \text{Pa} = 40.9 \times 10^6 \text{ Pa} = 40.9 \text{ MPa}$$

支座 A 右侧截面 a、b、c 三点的应力状态如图 5-24(d)所示。读者自己分析为什么这样画。

读者扫描二维码，学习用计算机求解此例题的 MATLAB 程序。

例 5-6　求图 5-25(a)所示简支梁的最大正应力 $|\sigma_x|_{\max}$ 及最大切应力 $|\tau_{xy}|_{\max}$ 并求二者的比值。

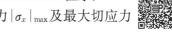

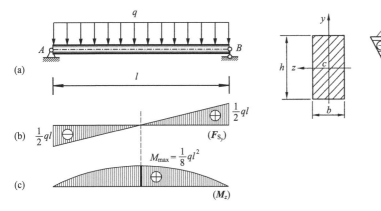

图 5-25

解　画出 F_{S_y}、M_z 图如图 5-25(b)(c)所示。

最大正应力为　　　$|\sigma_x|_{\max} = \dfrac{|M_z|_{\max}}{W_z} = \dfrac{ql^2/8}{bh^2/6} = \dfrac{3ql^2}{4bh^2}$

最大切应力为　　　$|\tau_{xy}|_{\max} = \dfrac{3|F_{S_y}|_{\max}}{2A} = \dfrac{3}{2}\dfrac{ql/2}{bh} = \dfrac{3ql}{4bh}$

二者比值为　　　　$\dfrac{|\sigma_x|_{\max}}{|\tau_{xy}|_{\max}} = \dfrac{l}{h}$

当 $l \gg h$ 时，最大正应力将远大于最大切应力。因此，一般对于细长的实心非薄壁截面梁，正应力是强度问题的主要因素。

*5.5　开口薄壁非对称截面梁的弯曲　弯曲中心

前面所讨论的平面弯曲,其载荷均作用于纵向对称面(形心主惯性平面)。非对称截面梁的纯弯曲,由 5.3 节的讨论知道,其外力偶只要作用于梁的一个形心主轴所在的纵向平面(形心主惯性平面)或与之平行的平面内,梁只发生平面弯曲。但是如果非对称截面梁是剪力弯曲,即使横向力作用在形心主惯性平面内,梁除弯曲变形外,还将发生扭转变形,如图 5-26(a)所示。只有当横向力的作用面平行于形心主惯性平面,且通过某一特定点时,梁才只发生弯曲而不发生扭转,见图 5-26(b),称这样的特定点为截面的**弯曲中心**(图 5-27 中的 A 点)。

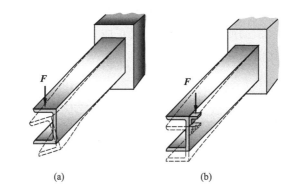

(a)　　　　　　　　　　　(b)

图 5-26

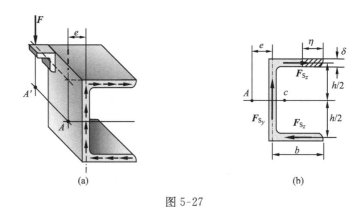

(a)　　　　　　　　　　　(b)

图 5-27

对于非对称截面的实体梁,由于实心截面的弯曲中心一般靠近截面形心,产生的扭矩不大,同时实心截面梁的抗扭能力较强,一般可不考虑扭转的影响。对于工程中常用的开口薄壁截面梁来说,由于其抗扭刚度较差,确定其弯曲中心的位置,使外力尽量通过弯曲中心,具有重要的实际意义。

对任意的开口薄壁截面梁,用 5.4 节工字形截面梁翼缘上切应力分布的推证方法及切应力互等定理,可推出横截面上的切应力平行于截面周边的切线方向,沿截面的厚度均匀分布,这些切应力形成的分布力系,向横截面所在平面内不同点简化,其主矩为零的点即为弯曲中心。下面以图 5-26 所示的槽形截面梁为例,说明确定弯曲中心的一般方法。设图 5-27 中的 A 点为槽形截面梁的弯曲中心。槽形截面梁的切应力分布见图 5-27(a)。上、下翼缘的切应力合力各为 F_{S_z},腹板上切应力的合力为 $\boldsymbol{F}_{S_y}$(图 5-27(b)),且 $F_{S_y}=F$(因为翼缘上与 F 平行的剪力非常小,可忽略)。截面上两个力 F_{S_z} 形成的力偶 $F_{S_z}h$ 有使梁产生扭转的倾向,为防止扭转,所加外力必须能平衡这个力偶(图 5-27(a)),即必须满足 $Fe=F_{S_z}h$。距离 $e=\dfrac{F_{S_z}h}{F}$ 即为弯曲中心的位置,具体计算如下。

翼缘上距右边缘线为 η 处的切应力为

$$\tau'(\eta)=\frac{F_{S_y}S_z^*}{I_z\delta}=\frac{F_{S_y}\eta\delta\frac{h}{2}}{I_z\delta}=\frac{F_{S_y}h}{2I_z}\eta$$

翼缘上切应力的合力为

$$F_{S_z}=\int_0^b\tau'(\eta)\delta\mathrm{d}\eta=\int_0^b\frac{F_{S_y}h}{2I_z}\eta\delta\mathrm{d}\eta=\frac{F_{S_y}hb^2\delta}{4I_z}$$

所以

$$e=\frac{F_{S_z}h}{F}=\frac{h^2b^2\delta}{4I_z}$$

注意,距离 e 只与截面的几何性质有关,与其他因素无关。

对于有一根对称轴的横截面,弯曲中心总是位于对称轴上。

对于有两根对称轴的横截面,两根对称轴的交点(形心)即为弯曲中心。弯曲中心的位置只与截面的几何特征有关,与剪力的大小无关。几种常见截面的弯曲中心位置列于表 5-2 中。

表 5-2　几种薄壁截面梁弯曲中心的位置

截面形状				
弯曲中心位置	$e=\dfrac{h^2b^2\delta}{4I_z}$	$e=2r_0$	两狭长矩形中线的交点	与形心重合

习　题

5-1　习题 5-1 图示正方形截面杆，边长 $a=10$ mm，CD 段槽孔宽度 $d=4$ mm，试求杆的最大拉应力和最大压应力。已知 $F_1=1$ kN，$F_2=3$ kN，$F_3=2$ kN。

5-2　变截面杆受力如习题 5-2 图所示。两段截面直径分别为 $d_1=40$ mm，$d_2=20$mm，长度 $a=1$ m，已知杆内的最大切应力值为 $\tau_{max}=40$ MPa。试求拉力 F。

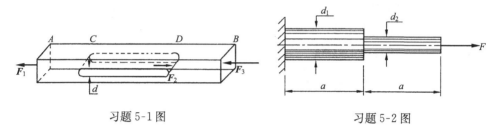

习题 5-1 图　　　　　　　　　　　　　习题 5-2 图

5-3　从受扭转力偶 M_e 作用的圆轴中，截取出如习题 5-3 图(b)所示部分作为分离体，试说明此分离体是如何平衡的。

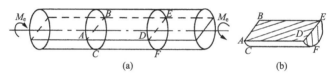

(a)　　　　　　　　(b)

习题 5-3 图

5-4　如习题 5-4 图所示，传动轴由无缝钢管制成，其外径 $D=90$ mm，内径 $d=85$ mm，工作时承受的最大扭转力偶矩 $M_e=1.5$ kN·m。要求：(1) 计算最大和最小切应力。并在横截面上画出切应力分布图。(2) 若改用实心圆截面，使其与空心圆截面承受的最大切应力相等，计算实心轴的直径并计算二者的重量比。

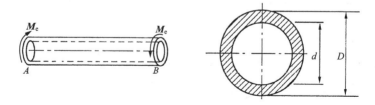

习题 5-4 图

5-5　用实验方法测定钢的剪切弹性模量 G 时,其装置的示意图如习题 5-5 图所示。AB 为长 $l=0.1$ m,直径 $d=10$ mm 的圆截面钢试件,其 A 端固定,B 端有长 $s=80$ mm 的杆 OC 与截面连成整体。当在 B 端加扭转力偶矩 $M_e=15$ N·m 时,测得 OC 杆顶点 C 的位移 $\Delta=1.5$ mm。试求:(1) 剪切弹性模量 G;(2) 杆内的最大切应力 τ_{max};(3) 杆表面的切应变 γ。

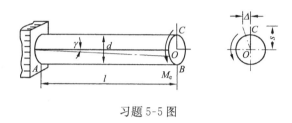

习题 5-5 图

5-6　阶梯圆轴如习题 5-6 图所示。已知其直径比 $d_1/d_2=2$。欲使两段轴内最大切应力相等,试求外力偶矩之比 M_{e_1}/M_{e_2}。

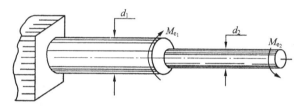

习题 5-6 图

5-7　等截面梁在纵向对称面内受力偶作用发生平面弯曲,试对习题 5-7 图示各种不同形状的横截面,定性绘出正应力沿截面竖线 1-1 及 2-2 的分布图。

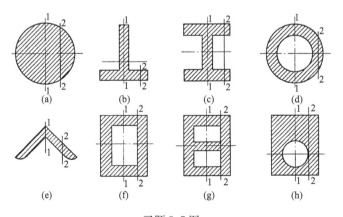

习题 5-7 图

5-8 如习题 5-8 图所示,直径为 d 的金属丝,绕在直径为 D 的轮缘上,已知材料的弹性模量为 E,试求金属丝内的最大弯曲正应力。

5-9 简支梁受均布载荷如习题 5-9 图所示。若分别采用截面面积相等的实心和空心圆截面,且 $D_1 = 40$ mm,$\dfrac{d_2}{D_2} = \dfrac{3}{5}$,试分别计算它们的最大弯曲正应力。并问空心截面比实心截面的最大弯曲正应力减小了百分之几?

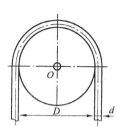

习题 5-8 图

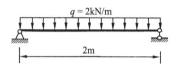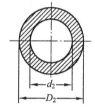

习题 5-9 图

5-10 T 字形截面梁如习题 5-10 图所示,试求梁横截面上的最大拉应力。

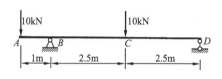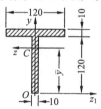

习题 5-10 图

*5-11 由钢板焊接组成的箱式截面梁,如习题 5-11 图所示。试求梁内的最大正应力及最大切应力,并计算焊缝上的最大切应力,画出它们所在点的应力状态图。

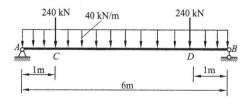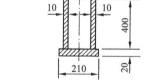

习题 5-11 图

5-12　悬臂梁如习题5-12图所示,已知$F=20$ kN,$h=60$ mm,$b=30$ mm。要求画出梁上A、B、C、D、E各点的应力状态图,并求各点的主应力。

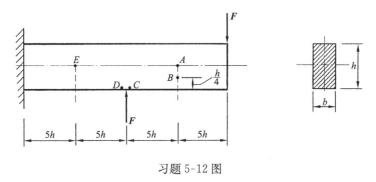

习题5-12图

5-13　试绘出习题5-13图示悬臂梁中性层以下部分的受力图,并说明该部分如何平衡?

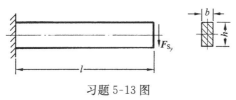

习题5-13图

5-14　汽车前桥如习题5-14图所示。通过电测试验测得汽车满载时,横梁中间截面上表面压应变$\varepsilon=-360\times10^{-6}$。已知材料弹性模量$E=210$ GPa。求前桥所受横向载荷F的值(已知中间截面$I_z=185$ cm^4)。

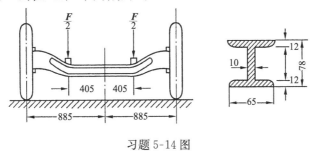

习题5-14图

*5-15　如习题5-15图所示,箱形截面钢套与矩形截面木杆牢固地黏结成复合材料梁。承受弯矩$M_z=2$ kN·m。钢和木的弹性模量分别为$E_s=200$ GPa,$E_w=10$ GPa。试求钢套与木杆的最大正应力(提示:平面假设仍然成立)。

*5-16　简支梁中点受 $F=10$ kN 的集中力作用。如习题 5-16 图,跨度 $l=4$ m,横截面为矩形,截面下部为松木,上部分为加强钢板。钢、木间牢固地黏合在一起。已知 $\dfrac{E_w}{E_s}=\dfrac{1}{20}$。试计算钢板与松木的最大正应力。

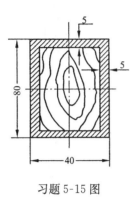

习题 5-15 图

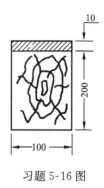

习题 5-16 图

第6章　杆件的变形计算

对构件的基本要求之一是构件应具有抵抗变形的能力,即具有足够的刚度。本章讨论各种基本受力情况下,构件的变形计算,以及求解静不定问题的一般方法。

对线弹性材料,在弹性范围内,力和变形呈线性关系,因此,构件在多个力作用下在同一处引起的同一种位移可以相互叠加(叠加原理)。

6.1　轴向拉压杆的变形

在3.2节中已经确定,轴向拉、压杆横截面上的正应力是均匀分布的,即 $\sigma_x = \dfrac{F_N}{A}$,且各点都为单向应力状态。由胡克定律可知,各点的纵向应变为

$$\varepsilon_x = \frac{\sigma_x}{E} = \frac{F_N}{EA} \tag{6-1}$$

图 6-1(a)所示受拉伸变形直杆,其任一微段 dx 的变形如图 6-1(b)所示,由线应变的定义

$$\varepsilon_x = \frac{(dx + \Delta dx) - dx}{dx} = \frac{\Delta dx}{dx}$$

因此,微段 dx 的变形为 　　　$\Delta dx = \varepsilon_x dx = \dfrac{F_N dx}{EA}$

整个杆沿轴线 x 方向的变形为 　　　$\Delta l = \displaystyle\int_l \frac{F_N dx}{EA}$ 　　(6-2)

对于轴向压缩上式同样成立,只是 F_N 为负,Δl 也为负(缩短)。式(6-2)即为轴向拉、压杆的变形公式,EA 称为**抗拉(压)刚度**。当 F_N 和 EA 中至少有一个在整个

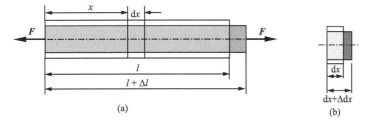

(a)

(b)

图 6-1

杆长上不能表示为统一的函数时,则需分段积分。因此,式(6-2)的更一般形式为

$$\Delta l = \sum_{i=1}^{n} \int_{l_i} \frac{F_{N_i} dx}{E_i A_i} \tag{6-3}$$

整个杆长上,F_N 和 EA 为常量时,如图 6-1 所示的杆,则上式成为

$$\Delta l = \frac{F_N l}{EA} \tag{6-4}$$

例 6-1　在图 6-2 所示的阶梯杆中,已知:$F_A = 10$ kN,$F_B = 20$ kN,$l = 100$ mm,AB 段与 BC 段的横截面面积分别为 $A_{AB} = 100$ mm²,$A_{BC} = 200$ mm²,材料的弹性模量 $E = 200$ GPa。试求杆的总变形 ΔL 及端面 A 与 D 截面间的相对位移。

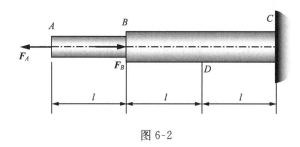

图 6-2

解　AB 段及 BC 段的轴力 $F_{N_{AB}}$ 及 $F_{N_{BC}}$ 分别为

$$F_{N_{AB}} = F_A = 10 \text{ kN}$$

$$F_{N_{BC}} = F_A - F_B = (10 - 20) \text{ kN} = -10 \text{ kN}$$

杆的总变形为

$$\Delta l = \Delta l_{AB} + \Delta l_{BC} = \frac{F_{N_{AB}} l}{EA_{AB}} + \frac{F_{N_{BC}} \times 2l}{EA_{BC}}$$

$$= \left(\frac{10 \times 10^3 \times 100 \times 10^{-3}}{200 \times 10^9 \times 100 \times 10^{-6}} + \frac{-10 \times 10^3 \times 2 \times 100 \times 10^{-3}}{200 \times 10^9 \times 200 \times 10^{-6}} \right) \text{m} = 0$$

端面 A 与 D 截面间的相对位移 u_{AD} 等于端面 A 与 D 截面间杆的变形 Δl_{AD}

$$u_{AD} = \Delta l_{AD} = \frac{F_{N_{AB}} l}{EA_{AB}} + \frac{F_{N_{BC}} l}{EA_{BC}}$$

$$= \left(\frac{10 \times 10^3 \times 100 \times 10^{-3}}{200 \times 10^9 \times 100 \times 10^{-6}} + \frac{-10 \times 10^3 \times 100 \times 10^{-3}}{200 \times 10^9 \times 200 \times 10^{-6}} \right) \text{m}$$

$$= 2.5 \times 10^{-5} \text{m}$$

例 6-2　图 6-3 所示均质吊杆,全杆的自重 $W = 20$ kN,材料的弹性模量 $E = 50$ GPa,计算在自重及载荷 F 作用下杆的变形。已知杆的横截面面积 $A = 10$ cm²,杆长 $l = 10$ m,$F = 2$ kN。

解　每单位长度杆的自重为 $q=\dfrac{W}{l}=2$ kN/m，

设距下端为 y 的截面轴力为 $F_N(y)$，应用截面法求得

$$F_N(y)=qy-F=2y-2=2(y-1)$$

由公式(6-2)

$$\Delta l=\int_0^l\frac{F_N(y)\mathrm{d}y}{EA}=\frac{2}{EA}\int_0^{10}(y-1)\mathrm{d}x$$

$$=\left(\frac{2\times40\times10^3}{50\times10^9\times10\times10^{-4}}\right)\text{ m}=1.6\times10^{-3}\text{ m}$$

即吊杆伸长 1.6 mm。

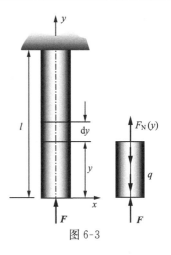

图 6-3

6.2　扭　转　变　形

在 5.1 节中已经推出单位长度扭转角的计算公式(5-1)，用 φ 来表示单长度扭转角，即

$$\varphi=\frac{\mathrm{d}\phi}{\mathrm{d}x}=\frac{T}{GI_p}\tag{6-5}$$

相距为 $\mathrm{d}x$ 的两个横截面之间的相对扭转角为

$$\mathrm{d}\phi=\frac{T\mathrm{d}x}{GI_p}$$

整个杆长 l 两端截面之间的相对扭转角为

$$\phi=\int_l\frac{T\mathrm{d}x}{GI_p}\tag{6-6}$$

式中，GI_p 称为**抗扭刚度**。当 T 和 GI_p 分别由 n 个函数描述时

$$\phi=\sum_{i=1}^n\int_{l_i}\frac{T_i\mathrm{d}x}{G_iI_{pi}}\tag{6-7}$$

如果整个杆长内 T、GI_p 均为常量，则式(6-7)改写为

$$\phi=\frac{Tl}{GI_p}\tag{6-8}$$

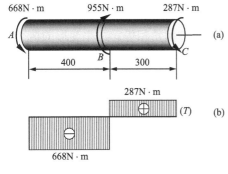

图 6-4

例 6-3　图 6-4(a)所示圆轴，已知 $d=47$ mm，材料剪切弹性模量 $G=80$ GPa，试计算截面 C 相对 A 的扭转角。

解　作轴的扭矩图如图 6-4(b)所

示,由图看出扭矩分段为常量。

由式(6-8)得

$$\phi_{AC} = \phi_{AB} + \phi_{BC} = \frac{1}{GI_p}(T_{AB}l_{AB} + T_{BC}l_{BC})$$

$$= \left[\frac{32}{80 \times 10^9 \times \pi \times 47^4 \times 10^{-12}}(-668 \times 0.4 + 287 \times 0.3)\right] rad$$

$$= -4.72 \times 10^{-3} \ rad$$

6.3　求弯曲变形的直接积分法

6.3.1　梁的弹性弯曲变形、挠曲线近似微分方程

梁在载荷作用下发生平面弯曲,其轴线由直线变为一条光滑连续的平面曲线,该曲线称为梁的**挠曲线**或**弹性曲线**(图6-5)。为表示梁的变形程度,取坐标系 Oxy。在小变形的情况下,梁轴线上坐标为 x 的任意点,即任意截面的形心,在变形过程中沿 x 方向的线位移可忽略不计,因此,垂直于轴线方向的位移 v 可以认为就是截面形心的线位移,我们称线位移 v 为**挠度**。一般情况下挠度都是截面位置 x 的函数

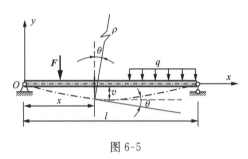

图 6-5

$$v = v(x) \tag{6-9}$$

上式称为**挠曲线方程**。弯曲变形后的横截面仍与变形后的轴线(挠曲线)相垂直,即相对变形前的位置绕中性轴产生一个角位移 θ,称 θ 为截面的**转角**。θ 也是随截面位置的不同而变化的,即

$$\theta = \theta(x) \tag{6-10}$$

此式称为**转角方程**。

由图 6-5 可以看出,转角 θ 与挠曲线在该点的倾角相等。在小变形的情况下

$$\theta \approx \tan\theta = \frac{dv}{dx} \tag{6-11}$$

即截面转角近似地等于挠曲线在该截面处的斜率。

在图 6-5 所示的坐标系中,规定向上的**挠度为正**,向下的**挠度为负**;逆时针的**转角为正**,顺时针的**转角为负**。

在建立纯弯曲正应力计算公式时,曾得到曲率公式

$$\frac{1}{\rho} = \frac{M_z}{EI_z}$$

在剪力弯曲的情况下，如果是细长梁，剪力对变形的影响可以忽略，上式仍然适用，但是，曲率和弯矩均为 x 的函数

$$\frac{1}{\rho(x)} = \frac{M_z(x)}{EI_z} \tag{a}$$

由高等数学可知，任一平面曲线 $v = v(x)$ 上，任意一点的曲率为

$$\frac{1}{\rho(x)} = \pm \frac{\dfrac{\mathrm{d}^2 v}{\mathrm{d}x^2}}{\left[1 + \left(\dfrac{\mathrm{d}v}{\mathrm{d}x}\right)^2\right]^{3/2}} \tag{b}$$

由于工程实际中的梁变形一般都很小，挠曲线是一条极平坦的曲线，$\dfrac{\mathrm{d}v}{\mathrm{d}x}$ 的数值很小，式(b)中 $\left(\dfrac{\mathrm{d}v}{\mathrm{d}x}\right)^2$ 与 1 相比可以略去，于是得到近似式

$$\frac{1}{\rho(x)} = \pm \frac{\mathrm{d}^2 v}{\mathrm{d}x^2} \tag{c}$$

由式(a)、式(c)可得
$$\pm \frac{\mathrm{d}^2 v}{\mathrm{d}x^2} = \frac{M_z(x)}{EI_z} \tag{d}$$

根据弯矩的符号规定，在图 6-6 所示的坐标系下，弯矩 M_z 与二阶导数 $\dfrac{\mathrm{d}^2 v}{\mathrm{d}x^2}$ 的正负号始终一致，因此式(d)的左端应取正号，即

$$\frac{\mathrm{d}^2 v}{\mathrm{d}x^2} = \frac{M_z(x)}{EI_z} \tag{6-12}$$

式(6-12)称为梁的**挠曲线近似微分方程**。求解此方程可得到挠曲线方程及转角方程，并可进一步求出任意截面的挠度、转角。

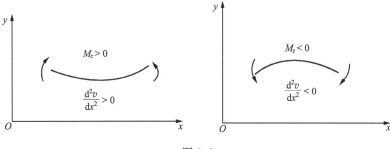

图 6-6

6.3.2　微分方程直接积分求梁的变形

对挠曲线近似微分方程(6-12)积分,即可求得梁的转角方程和挠度方程。对于等截面梁,抗弯刚度 EI_z 为常量,方程(6-12)可改写为如下形式:

$$EI_z v'' = M_z(x) \tag{6-13}$$

将上式连续积分两次,得

$$EI_z v' = EI_z \theta = \int M_z(x)\mathrm{d}x + C \tag{6-14}$$

$$EI_z v = \int\left[\int M_z(x)\mathrm{d}x\right]\mathrm{d}x + Cx + D \tag{6-15}$$

式中,C、D 为积分常数。

确定积分常数。一是根据边界条件,即梁位于支座处的截面,挠度及转角或为零或为已知;二是根据光滑连续条件,即在挠曲线上任意点,有唯一确定的挠度和转角。下面举例说明。

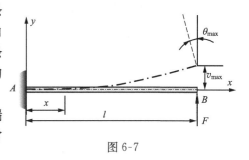

图 6-7

例 6-4　图 6-7 所示悬臂梁,自由端受集中力 F 作用,若梁的抗弯刚度为常量,试求梁的最大挠度与最大转角。

解　(1) 列弯矩方程

$$M_z(x) = F(l-x) \tag{a}$$

(2) 建立挠曲线近似微分方程

$$EI_z v'' = F(l-x) \tag{b}$$

(3) 积分求通解

$$EI_z \theta = F\left(lx - \frac{x^2}{2}\right) + C \tag{c}$$

$$EI_z v = F\left(\frac{l}{2}x^2 - \frac{x^3}{6}\right) + Cx + D \tag{d}$$

(4) 确定积分常数。固定端 A 处已知的位移边界条件为

$$\theta\,|_{x=0} = 0 \tag{e}$$

$$v\,|_{x=0} = 0 \tag{f}$$

将边界条件式(e)、式(f)分别代入式(c)、式(d),得

$$C = 0, \quad D = 0$$

（5）转角方程及挠曲线方程。将常数 C、D 值代入式（c）、式（d），得梁的转角方程与挠曲线方程

$$\theta = \frac{F}{EI_z}\left(lx - \frac{x^2}{2}\right) \tag{g}$$

$$v = \frac{F}{EI_z}\left(\frac{l}{2}x^2 - \frac{x^3}{6}\right) \tag{h}$$

（6）求最大挠度与最大转角。可以看出最大挠度与最大转角均发生在自由端 B 截面处。将 $x=l$ 代入式（g）、式（h），得

$$\theta_{\max} = \theta\mid_{x=l} = \frac{Fl^2}{2EI_z}(\curvearrowleft),\ v_{\max} = v\mid_{x=l} = \frac{Fl^3}{3EI_z}(\uparrow)$$

所得结果均为正值，表示 B 截面转角为逆时针转向，B 截面挠度向上。

例 6-5　图 6-8 所示简支梁，受集中力 F 作用，EI_z 为常量，求梁的最大挠度及两端的转角。

解　（1）建立挠曲线近似微分方程。

求得约束力后分段列出弯矩方程式，并建立挠曲线微分方程如下：

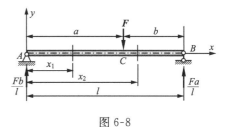

图 6-8

AC 段 $0 \leqslant x_1 \leqslant a$		CB 段 $a \leqslant x_2 \leqslant l$	
$M_{z1}(x_1) = \dfrac{Fb}{l}x_1$	(a)	$M_{z2}(x_2) = \dfrac{Fb}{l}x_2 - F(x_2 - a)$	(b)
$EI_z v_1'' = \dfrac{Fb}{l}x_1$	(c)	$EI_z v_2'' = \dfrac{Fb}{l}x_2 - F(x_2 - a)$	(d)

（2）积分求通解。对 AC 段及 CB 段的挠曲线近似微分方程式分别连续积分两次，得

AC 段 $0 \leqslant x_1 \leqslant a$		CB 段 $a \leqslant x_2 \leqslant l$	
$EI_z v_1' = \dfrac{Fb}{l}\dfrac{x_1^2}{2} + C_1$	(e)	$EI_z v_2' = \dfrac{Fb}{l}\dfrac{x_2^2}{2} - F\dfrac{(x_2-a)^2}{2} + C_2$	(f)
$EI_z v_1 = \dfrac{Fb}{l}\dfrac{x_1^3}{6} + C_1 x_1 + D_1$	(g)	$EI_z v_2 = \dfrac{Fb}{l}\dfrac{x_2^3}{6} - F\dfrac{(x_2-a)^3}{6} + C_2 x_2 + D_2$	(h)

（3）确定积分常数。四个积分常数 C_1、C_2、D_1 及 D_2 可由边界条件及光滑连续条件确定。

边界条件

$$v_1 \mid_{x_1=0} = 0 \tag{i}$$

$$v_2 \mid_{x_2=l} = 0 \tag{j}$$

光滑连续条件

$$v_1 \mid_{x_1=a} = v_2 \mid_{x_2=a} \tag{k}$$

$$v'_1 \mid_{x_1=a} = v'_2 \mid_{x_2=a} \tag{l}$$

将式(i)、式(j)、式(k)及式(l)分别代入式(e)、式(f)、式(g)及式(h),并联立求解,得

$$C_1 = C_2 = -\frac{Fb}{6l}(l^2 - b^2), \quad D_1 = D_2 = 0$$

(4) 转角方程与挠曲线方程式。将 C_1、C_2、D_1 及 D_2 之值代入式(e)、式(f)、式(g)及式(h),得

AC 段 $0 \leqslant x_1 \leqslant a$	CB 段 $a \leqslant x_2 \leqslant l$
$EI_z v'_1 = \dfrac{Fb}{6l}(3x_1^2 - l^2 + b^2)$　(m)	$EI_z v'_2 = \dfrac{Fb}{6l}\left[(3x_2^2 - l^2 + b^2) - \dfrac{3l}{b}(x_2 - a)^2\right]$　(n)
$EI_z v_1 = \dfrac{Fbx_1}{6l}(x_1^2 - l^2 + b^2)$　(o)	$EI_z v_2 = \dfrac{Fb}{6l}\left[(x_2^2 - l^2 + b^2)x_2 - \dfrac{l}{b}(x_2 - a)^3\right]$　(p)

(5) 求最大挠度。设 $a>b$,则最大挠度将发生在 AC 段。最大挠度所在截面转角应为零。因此,若用 x_0 表示挠度最大的截面位置,则由 $v'_1=0$,得

$$\frac{Fb}{6EI_zl}(3x_0^2 - l^2 + b^2) = 0$$

故有

$$x_0 = \sqrt{\frac{l^2 - b^2}{3}} \tag{q}$$

将式(q)代入式(o),得最大挠度

$$v_{\max} = -\frac{Fbl^2}{9\sqrt{3}EI_z}\left(1 - \frac{b^2}{l^2}\right)^{\frac{3}{2}} \tag{r}$$

由式(q)及式(r)可见,当 $b=\dfrac{l}{2}$ 时,即 F 力作用于跨度中点时,最大挠度所在截面位置为

$$x_0 = \frac{l}{2} \tag{s}$$

当 $b \to 0$ 时,即 F 力作用点无限邻近右端支座时

$$x_0 = \frac{\sqrt{3}l}{3} = 0.577l \tag{t}$$

比较式(s)及式(t)可见,两种情况下发生最大挠度的截面位置相差不大。由于简支梁的挠曲线是光滑曲线,可用跨度中点的挠度近似地表示简支梁在任意位置受集中力作用时所产生的最大挠度。

（6）求梁两端的转角。在式(m)及式(n)中,分别令 $x_1=0$ 及 $x_2=l$,化简后得梁两端的转角为

$$\theta_A = v'_1 \big|_{x_1=0} = -\frac{Fab}{6EI_zl}(l+b)$$

$$\theta_B = v'_2 \big|_{x_2=l} = \frac{Fab}{6EI_zl}(l+a)$$

6.4　叠加法求弯曲变形

通过前两例的结果可以看出,转角、挠度都与作用的载荷成正比,这是因为在推导挠曲线近似微分方程(6-12)时,是在小变形及材料服从胡克定律的前提下,方程(6-12)

$$\frac{\mathrm{d}^2 v}{\mathrm{d}x^2} = \frac{M_z(x)}{EI_z}$$

是线性方程,而 $M_z(x)$ 是根据初始尺寸计算的,因此 $M_z(x)$ 与外载荷间也是线性关系。所以,根据 2.4 节介绍的叠加原理,梁上同时作用几个载荷产生的内力、变形,等于每一个载荷单独作用产生的内力、变形的代数和（也适用于其他的基本变形）。

当梁上同时作用几个载荷,而且只需求出某几个特定截面的转角和挠度（不需要知道挠曲线方程）时,用积分法显得烦琐。这时用叠加法要方便得多。

工程上为方便起见,将常见梁在简单载荷作用下的变形计算结果制成表格,供随时查用。表 6-1 给出了简单载荷作用下几种梁的挠曲线方程、最大挠度及端截面的转角。

表 6-1　梁在简单载荷作用下的变形

序号	梁的简图	挠曲线方程	端截面转角	最大挠度
1		$v = -\dfrac{M_e x^2}{2EI}$	$\theta_B = -\dfrac{M_e l}{EI}$	$v_B = -\dfrac{M_e l^2}{2EI}$
2		$v = -\dfrac{M_e x^2}{2EI}, 0 \leqslant x \leqslant a$ $v = -\dfrac{M_e a}{EI}\left[(x-a)+\dfrac{a}{2}\right]$ $a \leqslant x \leqslant l$	$\theta_B = -\dfrac{M_e a}{EI}$	$v_B = -\dfrac{M_e a}{EI}\left(l-\dfrac{a}{2}\right)$

序号	梁的简图	挠曲线方程	端截面转角	最大挠度
3		$v=-\dfrac{Fx^2}{6EI}(3l-x)$	$\theta_B=-\dfrac{Fl^2}{2EI}$	$v_B=-\dfrac{Fl^3}{3EI}$
4		$v=-\dfrac{Fx^2}{6EI}(3a-x)$, $0\leqslant x\leqslant a$ $v=-\dfrac{Fa^2}{6EI}(3x-a)$, $a\leqslant x\leqslant l$	$\theta_B=-\dfrac{Fa^2}{2EI}$	$v_B=-\dfrac{Fa^2}{6EI}(3l-a)$
5		$v=-\dfrac{qx^2}{24EI}(x^2-4lx+6l^2)$	$\theta_B=-\dfrac{ql^3}{6EI}$	$v_B=-\dfrac{ql^4}{8EI}$
6		$v=-\dfrac{M_e x}{6EIl}(l-x)(2l-x)$	$\theta_A=-\dfrac{M_e l}{3EI}$ $\theta_B=\dfrac{M_e l}{6EI}$	在 $x=\left(1-\dfrac{1}{\sqrt{3}}\right)l$ 处, $v_{\max}=-\dfrac{M_e l^2}{9\sqrt{3}EI}$ 在 $x=\dfrac{l}{2}$ 处, $v=-\dfrac{M_e l^2}{16EI}$
7		$v=-\dfrac{M_e x}{6EIl}(l^2-x^2)$	$\theta_A=-\dfrac{M_e l}{6EI}$ $\theta_B=\dfrac{M_e l}{3EI}$	在 $x=\dfrac{l}{\sqrt{3}}$ 处, $v_{\max}=-\dfrac{M_e l^2}{9\sqrt{3}EI}$ 在 $x=\dfrac{l}{2}$ 处, $v=-\dfrac{M_e l^2}{16EI}$
8		$v=\dfrac{M_e x}{6EIl}(l^2-3b^2-x^2)$, $0\leqslant x\leqslant a$ $v=\dfrac{M_e}{6EIl}[-x^3+3l(x$ $-a)^2+(l^2-3b^2)x]$, $a\leqslant x\leqslant l$	$\theta_A=\dfrac{M_e}{6EIl}(l^2-3b^2)$ $\theta_B=\dfrac{M_e}{6EIl}(l^2-3a^2)$	
9		$v=-\dfrac{Fx}{48EI}(3l^2-4x^2)$, $0\leqslant x\leqslant \dfrac{l}{2}$	$\theta_A=-\theta_B=-\dfrac{Fl^2}{16EI}$	$v_C=-\dfrac{Fl^3}{48EI}$

序号	梁的简图	挠曲线方程	端截面转角	最大挠度
10		$v=-\dfrac{Fbx}{6EIl}(l^2-x^2-b^2)$, $0\leqslant x\leqslant a$ $v=-\dfrac{Fb}{6EIl}\Big[\dfrac{l}{b}(x-a)^3+(l^2-b^2)x-x^3\Big]$, $a\leqslant x\leqslant l$	$\theta_A=-\dfrac{Fab(l+b)}{6EIl}$ $\theta_B=\dfrac{Fab(l+a)}{6EIl}$	设 $a>b$ 在 $x=\sqrt{\dfrac{l^2-b^2}{3}}$ 处, $v_{\max}=-\dfrac{Fb(l^2-b^2)^{3/2}}{9\sqrt{3}EIl}$ 在 $x=\dfrac{l}{2}$ 处, $v=-\dfrac{Fb(3l^2-4b^2)}{48EI}$
11		$v=-\dfrac{qx}{24EI}(l^3-2lx^2+x^3)$	$\theta_A=-\theta_B$ $=-\dfrac{ql^3}{24EI}$	$v_C=-\dfrac{5ql^4}{384EI}$
12		$v=\dfrac{Fax}{6EIl}(l^2-x^2)$, $0\leqslant x\leqslant l$ $v=-\dfrac{F(x-l)}{6EI}\big[a(3x-l)-(x-l)^2\big]$, $l\leqslant x\leqslant(l+a)$	$\theta_A=-\dfrac{1}{2}\theta_B$ $=\dfrac{Fal}{6EI}$ $\theta_C=-\dfrac{Fa}{6EI}(2l+3a)$	$v_C=-\dfrac{Fa^2}{3EI}(l+a)$

例 6-6　图 6-9(a)所示为简支梁,求截面 C 的挠度及截面 B 的转角。梁的抗弯刚度 EI_z 为常量。

解　根据叠加原理,C 截面的挠度等于均布力 q 和集中力偶 M_e 分别单独作用时 C 截面挠度的代数和,B 截面的转角等于均布力 q 和集中力偶 M_e 分别单独作用时 B 截面转角的代数和(参考图 6-9(b)和(c))。

由表 6-1 中的 6,查得

$$v_{CM_e}=\frac{M_e l^2}{16EI_z}=\frac{ql^4}{16EI_z}(\uparrow),\qquad \theta_{BM_e}=-\frac{M_e l}{6EI_z}=-\frac{ql^3}{6EI_z}(\downarrow)$$

再由表 6-1 中的 11,查得

$$v_{Cq}=-\frac{5ql^4}{384EI_z}(\downarrow),\qquad \theta_{Bq}=\frac{ql^3}{24EI_z}(\uparrow)$$

叠加后

$$v_C=v_{CM_e}+v_{Cq}=\frac{ql^4}{16EI_z}-\frac{5ql^4}{384EI_z}=\frac{19ql^4}{384EI_z}(\uparrow)$$

$$\theta_B=\theta_{BM_e}+\theta_{Bq}=-\frac{ql^3}{6EI_z}+\frac{ql^3}{24EI_z}=-\frac{ql^3}{8EI_z}(\downarrow)$$

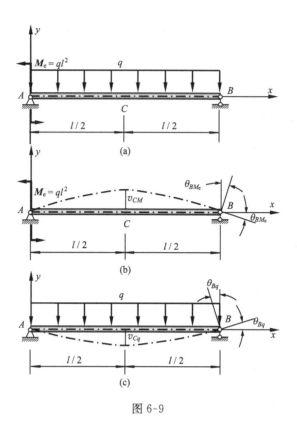

图 6-9

例 6-7　图 6-10(a)所示为悬臂梁,EI_z 为常量,求 A 截面的挠度。

解　此题虽只有一种载荷作用,但经过适当处理,仍然可以用叠加法求解。

为利用挠度表 6-1 中的结果,先将均布载荷延长到全梁,然后在 BC 段加上集度相同、方向相反的均布力,如图 6-10(b)所示。

将图 6-10(b)分解为(c)(d),查表有

$$v_{A_1} = -\frac{q(2l)^4}{8EI_z} = -\frac{2ql^4}{EI_z}(\downarrow)$$

$$v_{A_2} = v_{B_2} + \theta_{B_2} \times l = \frac{ql^4}{8EI_z} + \frac{ql^3}{6EI_z} \times l = \frac{7ql^4}{24EI_z}(\uparrow)$$

$$v_A = v_{A_1} + v_{A_2} = -\frac{2ql^4}{EI_z} + \frac{7ql^4}{24EI_z} = -\frac{41ql^4}{24EI_z}(\downarrow)$$

对于变截面且受力复杂的梁,用积分法或叠加法进行计算,其过程比较麻烦,即费时又费力。因此,可以用数值解法,编程用计算机去计算。

扫描二维码学习可以用计算机编程计算的"有限差分法"。

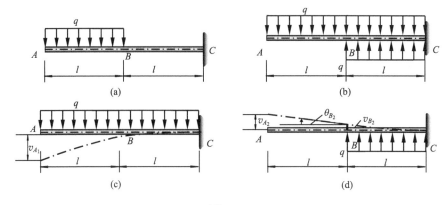

图 6-10

6.5　简单静不定问题

　　静定问题是未知力(外力或内力)的个数等于独立的平衡方程数,仅由平衡方程即可解出所有未知力。

　　若未知力的个数多于独立的平衡方程数目,仅由平衡方程不能求出全部未知力,这类问题称为**静不定问题**(或超静定问题)。

　　通常,将未知力个数多出独立平衡方程的个数,称为**静不定次数**,用 n 表示。即

$$n = 未知力个数 - 独立方程个数$$

n 是求解全部未知力所需补充方程数。

　　求解静不定问题同第 5 章中分析应力的方法相似,除考虑力学平衡方程外,还需要考虑各变形之间的几何关系及力和变形之间的物理关系。

6.5.1　拉、压静不定问题

　　图 6-11(a)所示结构,OB 为刚性构件,1 杆和 2 杆的抗拉刚度分别为 E_1A_1 和 E_2A_2,试求 1、2 杆的轴力。

　　由分离体图(图 6-11(b))看出,未知力共 4 个,而独立平衡方程只有 3 个,所以此问题是一次静不定问题。

　　(1) 力学方面

$$\sum M_O = 0, \quad F_{N_1} \times a + F_{N_2} \times 2a - F \times 2a = 0 \qquad (a)$$

(因不要求计算 F_{Ox} 和 F_{Oy},另两个平衡方程可不写。)

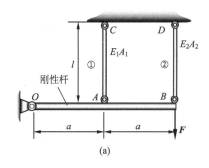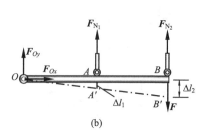

图 6-11

（2）变形方面。由图 6-11(b)中的几何关系得

$$\Delta l_2 = 2\Delta l_1 \tag{b}$$

（3）物理方面。力与变形之间的关系

$$\Delta l_1 = \frac{F_{N_1} l}{E_1 A_1}, \quad \Delta l_2 = \frac{F_{N_2} l}{E_2 A_2} \tag{c}$$

式(c)代入式(b)得补充方程

$$\frac{F_{N_2}}{E_2 A_2} = \frac{2F_{N_1}}{E_1 A_1} \tag{d}$$

联立式(a)、式(d)即可得出

$$F_{N_1} = \frac{2F}{1 + \dfrac{4E_2 A_2}{E_1 A_1}}, \quad F_{N_2} = \frac{4F}{4 + \dfrac{E_1 A_1}{E_2 A_2}}$$

根据内力的结果,请读者分析静不定问题与静定问题中构件所受内力的影响因素。

6.5.2　扭转静不定问题

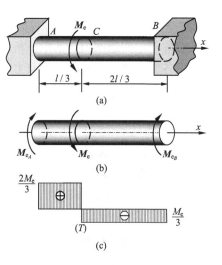

图 6-12

两端固定的圆轴（图 6-12(a)）,截面为等截面,要求绘出轴的扭矩图。

解除 A、B 端的约束,代以约束力偶 M_{e_A}、M_{e_B}（图 6-12(b)）。两个未知力,独立平衡方程只有一个,为一次静不定问题。

（1）力学方面。

$$\sum M_x = 0$$

$$M_{e_A} + M_{e_B} - M_e = 0 \tag{a}$$

（2）变形方面。因两端固定，A、B 两截面的相对扭转角 $\phi_{AB} = 0$，即

$$\phi_{AB} = \phi_{AC} + \phi_{CB} = 0 \tag{b}$$

（3）物理方面

$$\phi_{AC} = \frac{M_{e_A} \cdot \dfrac{l}{3}}{GI_p}, \quad \phi_{CB} = \frac{-M_{e_B} \cdot \dfrac{2l}{3}}{GI_p} \tag{c}$$

将式（c）代入式（b）得补充方程

$$M_{e_A} - 2M_{e_B} = 0 \tag{d}$$

联立式（a）、式（d）得

$$M_{e_A} = \frac{2}{3} M_e$$

$$M_{e_B} = \frac{M_e}{3} \quad （方向均与所设一致）$$

作出轴的扭矩图，如 6-12(c) 所示。

6.5.3 弯曲静不定问题

图 6-13(a) 所示梁，EI_z 为常量。在固定端 A 有 3 个约束，可动铰支座 B 有 1 个约束。共 4 个约束 4 个约束力，而独立平衡方程有 3 个，所以此梁为一次静不定梁。

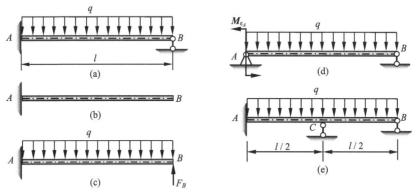

图 6-13

如果仅从保证结构平衡和几何不变的角度考虑，平面问题有 3 个约束就够了，其他约束都是"多余"的，但这些"多余约束"在工程中起特定的作用。

将支座 B 视为多余约束去掉，得到一个静定悬臂梁（图 6-13(b)），称为基本静定系或**静定基**。在静定基上加上原来的载荷 q 和未知的多余约束力 $\boldsymbol{F}_B$（图 6-13

(c)),则为原静不定系统的**相当系统**。所谓"相当",就是指在原有载荷 q 及多余未知力 $\boldsymbol{F}_B$ 的作用下,相当系统的受力和变形与原静不定系统"完全相同"。

为了使相当系统与原静不定梁相同,相当系统在多余约束处的变形必须符合原静不定梁的约束条件,即满足变形协调条件。在此例中,即要求

$$v_B = 0 \tag{a}$$

由叠加法或积分法可知,在外力 q 和 F_B 作用下,相当系统截面 B 的挠度为

$$v_B = \frac{F_B l^3}{3EI} - \frac{ql^4}{8EI} \tag{b}$$

将上述物理方程(b)代入式(a),得补充方程

$$\frac{F_B l^3}{3EI} - \frac{ql^4}{8EI} = 0 \tag{c}$$

由此解出

$$F_B = \frac{3}{8}ql$$

解得 F_B 为正号,表示未知力的方向与图中所设方向一致。解得静不定梁的多余约束力 F_B 后,其余内力、应力及变形的计算与静定梁完全相同。

上面的解题方法关键是比较基本静定系与原静不定系统在多余约束处的变形,由此写出变形协调条件,因此,称之为变形比较法。

应该指出,只要不是维持梁平衡所必需的约束均可作为多余约束。所以,对于图 6-13(a)所示的静不定梁来说,也可将固定端处限制 A 截面转动的约束作为多余约束。这样,如果将该约束解除,并以多余约束力偶 M_{e_A} 代替其作用,则原梁的相当系统如图 6-13(d)所示,而相应的变形协调条件是截面 A 的转角为零,即

$$\theta_A = 0$$

由此可求得约束力偶 M_{e_A}。

请读者试求出 M_{e_A} 的数值。

若在梁的跨度中点再增加一个可动支座(图 6-13(e)),此梁成为二次静不定。读者可参照上面的分析自己求出解答。

习　　题

6-1　一等直杆如习题 6-1 图所示。杆的横截面面积 A 和材料的弹性模量 E 均已知。试求杆自由端 B 点的位移。

6-2　直径 $d = 36$ mm 的钢杆 ABC 与铜杆 CD 在 C 处连接,杆受力如习题6-2图所示。试求 C、D 两截面的位移。已知 $F_1 = 50$ kN,$F_2 = 100$ kN,钢的弹性模量 $E_s = 200$ GPa,铜的弹性模量 $E_c = 105$ GPa。

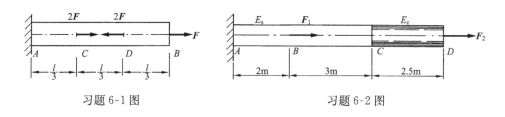

习题 6-1 图　　　　　　　　　　　　　　习题 6-2 图

6-3　直径为 75 mm 的等截面传动轴上,作用的外力偶如习题 6-3 图所示。已知材料的剪切弹性模量 $G=80$ GPa。要求作扭矩图,并求轴的总扭转角 ϕ_{AD}。

6-4　如习题 6-4 所示,直径为 d 的圆轴,承受集度为 m 的均布外力偶,材料的剪切弹性模量为 G,轴长为 l。求 B 截面的角位移 ϕ_B。

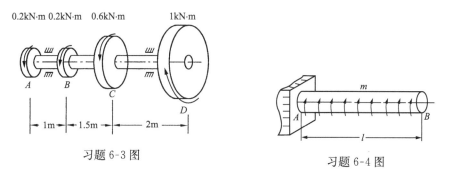

习题 6-3 图　　　　　　　　　　　　　习题 6-4 图

6-5　习题 6-5 图示各梁的抗弯刚度均为常数,试分别画出各梁的挠曲线大致形状。

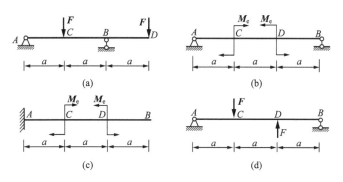

习题 6-5 图

6-6　写出习题 6-6 图示各梁确定积分常数的条件,其中,(c)图 BC 杆的抗拉刚度为 EA,(d)图支座 B 处的弹簧刚度为 K(N/m)。梁的抗弯刚度 EI_z 均为常量。

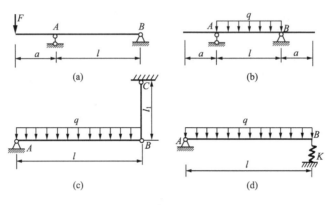

习题 6-6 图

6-7　用积分法求习题 6-7 图示各梁的挠曲线方程及自由端的挠度和转角。抗弯刚度 EI_z 均为常量。

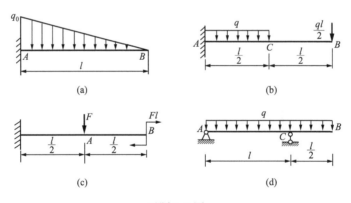

习题 6-7 图

6-8　试用叠加法求习题 6-8 图示各梁 A 截面的挠度及 B 截面的转角。抗弯刚度 EI_z 均为常量。

6-9　如习题 6-9 图所示,重量为 W 的等截面均质直梁放置在水平刚性平面上,若受力后未提起部分保持与平面密合,试求提起部分的长度 a。

6-10　如习题 6-10 图所示,梁的轴线弯成怎样的曲线才能使载荷 F 在梁上移动时,左段梁恰好是一条水平线。试写出梁曲线的方程。梁的 EI_z 为已知。

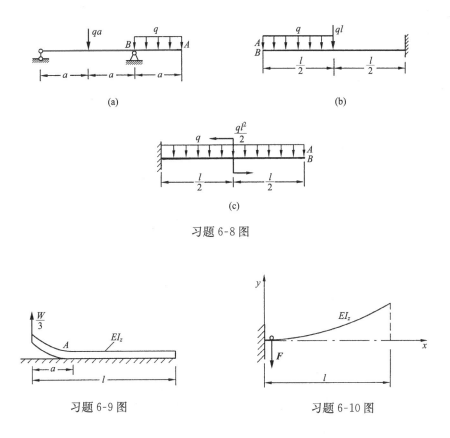

习题 6-8 图

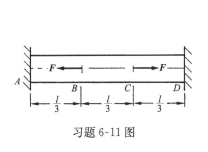

习题 6-9 图

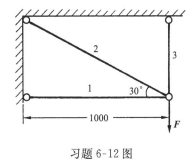

习题 6-10 图

6-11　习题 6-11 图示等截面直杆,横截面的面积为 A,两端固定,受两个轴向载荷 F 作用,试计算杆的最大拉应力和最大压应力。

6-12　习题 6-12 图示桁架,杆 1、2、3 分别用铸铁、铜和钢制成,弹性模量分别为 $E_1=160$ GPa,$E_2=100$ GPa,$E_3=200$ GPa,设载荷 $F=160$ kN,杆的横截面面积 $A_1=A_2=2A_3$,试确定各杆的轴力。

习题 6-11 图　　　　　　　　　　　　习题 6-12 图

6-13　一刚性梁放在三根混凝土支柱上,如习题 6-13 图所示。各支柱的横截面面积皆为 $40×10^3$ mm²,弹性模量皆为 14 GPa。未加载荷时,中间支柱与刚性梁之间有δ＝1.5 mm 的空隙。试求当载荷 F＝720 kN 时各支柱内的应力。

6-14　如习题 6-14 图所示,两端固定的圆杆,M_e＝10kN·m,G＝80GPa,试求:(1) 固定端截面上的扭矩,并作扭矩图;(2) 若直径 d＝83mm,杆内的最大切应力。

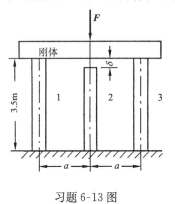

习题 6-13 图

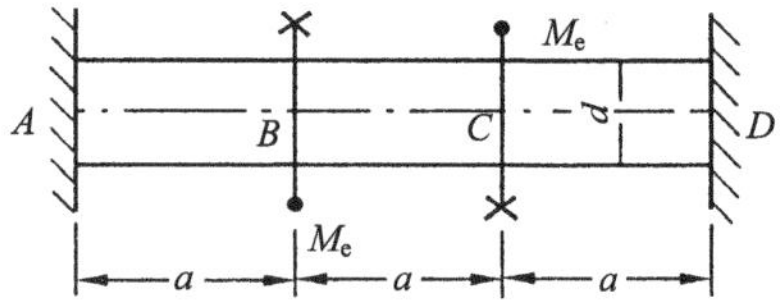

习题 6-14 图

6-15　直径 d＝25mm 的钢杆上具有两个凸台 A 和 B,凸台上套有壁厚 δ＝1.25mm 的钢管,如习题 6-15 图所示。当杆承受外力偶矩 M_e＝7N·m 时,将管与杆焊在一起,然后再除去外力偶矩。假定

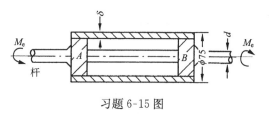

习题 6-15 图

凸台不变形,试求卸载后管和杆内的最大切应力。设杆 AB 的长度为 l。杆与管的剪切弹性模量为 G。

6-16　求图示各梁的约束力。梁的 EI_z 为已知,且均为常数。

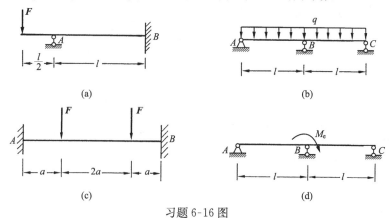

习题 6-16 图

第7章 强度理论

由第4章中轴向载荷作用下材料的实验可知,当材料所受的应力达到极限状态时,材料将断裂或屈服,即发生强度失效。不同材料失效形式不同,即使同一种材料,在不同的应力状态下失效形式也不相同。大量的实践观察和实验结果表明,材料在外力作用下发生强度失效,无论表面现象如何复杂,其失效形式只有几种,而某一种失效形式通常都是由某一共同的因素引起。根据失效规律,假设失效的共同原因,利用简单实验结果去建立材料在任意应力状态下的失效判据,即为本章要研究的强度理论内容。

7.1 单轴应力状态下材料的失效准则与构件的强度条件

在1.3节中已经介绍,强度是指构件抵抗破坏的能力。破坏则是构件达到屈服或断裂两种极限状态而丧失正常功能,这也称强度失效。由4.1节关于轴向载荷下材料的力学性能分析我们知道,在单轴应力状态下,脆性材料的失效形式为断裂,极限应力 $\sigma_u = \sigma_b$;而塑性材料的失效形式为屈服,极限应力 $\sigma_u = \sigma_s$。它们相应的失效准则(判据)分别为

脆性材料 $\hspace{4cm} \sigma = \sigma_b \hspace{4cm}$ (7-1)

塑性材料 $\hspace{4cm} \sigma = \sigma_s \hspace{4cm}$ (7-2)

要保证构件在外力作用下安全可靠地工作,它的工作应力 σ 应该小于材料的极限应力。为使构件的强度留有必要的储备,一般将极限应力除以大于1的数 n,作为设计时应力的最高限度,称为**许用正应力**,用 $[\sigma]$ 表示,即

$$[\sigma] = \frac{\sigma_b}{n_b} \hspace{2cm} (\text{对脆性材料}) \hspace{2cm} (7-3)$$

$$[\sigma] = \frac{\sigma_s}{n_s} \hspace{2cm} (\text{对塑性材料}) \hspace{2cm} (7-4)$$

式中,n_b、n_s 称为**安全系数**。这样,构件在单向应力状态下的**强度条件**(也称强度设计准则)为

$$\sigma \leqslant [\sigma] \hspace{4cm} (7-5)$$

安全系数的选择,不仅与材料有关,同时还必须考虑构件所处的具体工作条件。有关部门对各种工作条件下构件的安全系数已在规范中给出具体规定,一般

机械制造中,在静载荷下,对塑性材料 $n_s=1.5\sim2.5$,对脆性材料 $n_b=2.0\sim3.5$。安全系数的选择是个重要的问题,安全系数过大会造成浪费,并使构件笨重,过小又保证不了安全,可能导致破坏事故。合理地选定安全系数,包括许多工程技术及经济上的考虑。安全系数选定的合理与否与科学技术发展的水平有密切关系,同时还与设计单位的传统经验以及设计人员综合处理实际问题的能力都有直接关系。

7.2　强度理论的概念

由上一节可见,在单向应力状态下,构件的强度设计准则(强度条件),可直接通过实验得到材料的极限应力来建立。但是,在实际工程中,大多数构件的危险点都处于复杂的二向或三向应力状态。对这样的复杂应力状态,其应力组合方式多种多样,三个主应力 σ_1、σ_2、σ_3 之间的比值有无穷多种可能性,要通过实验来确定每一个比值下的极限应力显然是困难的。

但是,根据基本实验和大量的构件破坏现象分析得知,无论破坏现象多么复杂,材料在常温、静载作用下的强度失效形式主要有两种,一种是屈服,另一种是断裂。而且材料的某一类失效形式,往往都由同一种因素引起(无论处于何种应力状态)。例如,脆性材料铸铁,扭转时各点处于纯剪切(二向)应力状态,图 7-1(a),破坏断口与轴线成 45°方向,根据应力状态分析可知,破坏因素是拉应力。当铸铁拉伸时,各点处于单向应力状态,图 7-1(b),破坏断口垂直轴线(横截面),破坏因素也是拉应力。

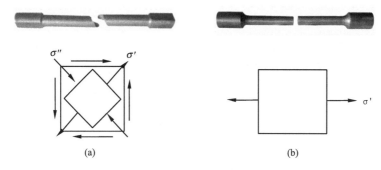

图 7-1

既然无论是单向应力状态还是复杂应力状态,引起破坏的因素都相同,人们就对材料各种破坏现象进行分析判断和推理,对引起破坏的因素做出假设,再通过基本实验(轴向拉伸)结果,预测复杂应力状态下材料的失效,从而建立起复杂应力状态下的强度条件。关于引起材料破坏因素的种种假设称为**强度理论**。当然,这要通过工程实践检验,与实际相符合的假设才称之为理论沿用下来,与实际不符合的就被淘汰了。

早期的强度科学家,对材料达到极限状态的因素有着不同的设想,因而提出了各不相同的理论。

本章大致按历史的顺序,择要地介绍常温、静载条件下工程中常用的几种强度理论。

读者可扫描二维码,通过微课程深化强度理论的概念。

7.3 断裂强度准则

7.3.1 最大拉应力准则(第一强度理论)

意大利科学家伽利略(Galileo Galilei)在《两种新科学》一书(1638 年)中首次提出了一个强度理论。他认为:不管应力状态如何,最大主应力(拉应力)σ_1 是促使材料达到极限状态的因素,只要最大主应力(拉应力)σ_1 达到了材料轴向拉伸时的极限应力 $\sigma_{1u}=\sigma_b$,材料就断裂了。因此断裂准则为

$$\sigma_1 = \sigma_{1u} = \sigma_b$$

考虑安全储备,将极限应力 σ_{1u} 除以安全系数 n 作为许用应力 $[\sigma]$,于是强度条件为

$$\sigma_1 \leqslant \frac{\sigma_{1u}}{n} = \frac{\sigma_b}{n} = [\sigma] \tag{7-6}$$

为了叙述方便起见,这里暂且采用"拉应力为主"和"压应力为主"两个笼统的术语。所谓"拉应力为主"是提第一主应力(拉应力)σ_1 大于第三主应力 σ_3 的绝对值的情况;所谓"压应力为主"是指第三主应力(压应力)σ_3 的绝对值远大于第一主应力 σ_1 的情况。当脆性材料处于拉应力为主的应力状态下,材料的断裂性质和形式为脆性拉断,此理论与实验符合良好。当材料处于压应力为主的应力状态下,材料的断裂形式是剪断,此理论与实验不符合。

显然,这一理论未考虑到第二主应力和第三主应力对材料断裂的影响。

7.3.2 最大伸长线应变准则(第二强度理论)

法国科学家马里奥(Mariotte)、力学家圣文南(Saint Venent)先后分别提出了最大线应变准则。马里奥提出的是断裂准则,圣文南提出的是屈服准则。作为屈服准则与实验一般不符合(也有偶然符合的情况)。因此,作为断裂准则认为:使材料达到极限状态的因素是最大伸长线应变 ε_1,只要最大伸长线应变达到了轴向拉伸时的极限线应变 $\varepsilon_{1u}=\varepsilon_b$ 时,材料就断裂了。因此断裂准则为

$$\varepsilon_1 = \varepsilon_{1u} = \varepsilon_b$$

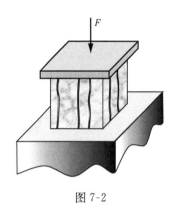

图 7-2

若材料服从胡克定律，则上式变为

$$\sigma_1 - \nu(\sigma_2 + \sigma_3) = \sigma_u = \sigma_b$$

考虑安全储备，强度条件为

$$\sigma_1 - \nu(\sigma_2 + \sigma_3) \leqslant \frac{\sigma_u}{n} = \frac{\sigma_b}{n} = [\sigma] \quad (7\text{-}7)$$

当脆性材料处于拉应力为主的应力状态下，此理论与实验尚能符合，但符合的程度不如第一强度理论。尽管第二强度理论当前在工程上很少采用，但它能解释大理石在轴向压缩时（试件与试验机的夹板间摩擦较小的条件下），沿纵向开裂的现象（图7-2）。

7.4　屈服强度准则

7.4.1　最大切应力准则（第三强度理论）

法国工程师、科学家库仑（Coulomb）1773 年和力学家特雷斯卡（Tresca）1864年分别提出了最大切应力准则。库仑提出的是剪断准则，特雷斯卡提出的是屈服准则。作为屈服准则认为：促使材料达到极限状态的因素是最大切应力 τ_{13}，只要最大切应力达到了轴向拉伸时极限切应力 τ_u，材料就屈服了。因此屈服准则为

$$\tau_{13} = \tau_u = \frac{\sigma_u}{2} = \frac{\sigma_s}{2}$$

或

$$\sigma_1 - \sigma_3 = \sigma_s$$

于是，强度条件为

$$\sigma_1 - \sigma_3 \leqslant \frac{\sigma_s}{n} = [\sigma] \quad (7\text{-}8)$$

这一屈服准则与塑性材料（拉伸与压缩的强度性能相差不大的塑性材料）的实验符合良好。

显然，此屈服准则未考虑到第二主应力 σ_2 对材料屈服的影响。

7.4.2　形变比能准则（第四强度理论）

上述第一、第三强度理论假设材料达到极限状态的因素是应力，第二强度理论假设材料达到极限状态的因素是应变，而同时考虑应力和应变两个因素的，首先是意大利力学家贝尔特拉密（Beltrami），他提出了总应变能强度理论。总应变能理论与实验结果吻合不好，未被采用。但把应变能考虑为材料达到极限状态的因素这一思想却给后人留下了启示。后来波兰力学家胡勃（Huber）、奥地利裔美国数

学家、塑性力学先驱,米泽斯(Mises)分别提出了变形比能准则。胡勃提出的是断裂准则,米塞斯提出的是屈服准则。作为屈服准则认为:使材料达到极限状态的因素是形状应变比能 u_f,只要形变比能达到了轴向拉伸时的极限形变比能 $u_\mathrm{f,u}$,材料就屈服了。因此形变比能准则为

$$u_\mathrm{f} = u_\mathrm{f,u}$$

即 $$\frac{1+\nu}{6E}[(\sigma_1-\sigma_2)^2+(\sigma_2-\sigma_3)^2+(\sigma_3-\sigma_1)^2]=\frac{1+\nu}{6E}(2\sigma_\mathrm{u}^2)$$

或 $$\frac{1}{\sqrt{2}}\sqrt{(\sigma_1-\sigma_2)^2+(\sigma_2-\sigma_3)^2+(\sigma_3-\sigma_1)^2}=\sigma_\mathrm{u}=\sigma_\mathrm{s}$$

于是强度条件为

$$\frac{1}{\sqrt{2}}\sqrt{(\sigma_1-\sigma_2)^2+(\sigma_2-\sigma_3)^2+(\sigma_3-\sigma_1)^2}\leqslant\frac{\sigma_\mathrm{s}}{n}=[\sigma] \tag{7-9}$$

此屈服准则与塑性材料(拉伸与压缩的强度性能相差不大的塑性材料)的实验符合较好。对大多数塑性材料,符合的程度比最大切应力准则更好。

目前工程上应用得最广泛的是第一强度理论(脆断准则)和第三、第四强度理论(屈服准则)。

*7.5 莫 尔 准 则

德国工程师莫尔(Mohr)考察砂岩单轴压缩时破裂面与压应力轴线小于45°的现象,联想到库仑的干摩擦理论,产生了新的设想:材料断裂不仅与断裂面上的切应力有关,而且与断裂面上的正应力也有关。压应力使剪断变得更加困难,拉应力使剪断变得更加容易。因而于1900年提出了新的理论:断裂面上的切应力 τ 是正应力 σ 的函数

$$\tau = f(\sigma)$$

注意这里的 σ 和 τ 是断裂面上的应力分量,不要和单轴应力状态的正应力和纯剪切应力状态的切应力相混淆。

莫尔根据同一材料受不同应力状态(如单轴拉伸、纯剪切、单轴压缩等)作用下断裂试验的结果,作出了许多断裂时的应力主圆(极限应力圆)C_{13},然后作这些应力圆的包络线(图 7-3),图中 $\sigma_\mathrm{t,u}$ 为拉伸极限应力,$\sigma_\mathrm{c,u}$ 为压缩极限应力。

对于任何一个已知的应力状态 σ_1、σ_2、σ_3 来说,应力主圆 C_{13} 在包络线之内则不会破坏,如与包络线相切则发生破坏。这就是莫尔失效准则。实际应用时为了简化,用单向拉伸和压缩的两个极限应力圆的公切线代替包络线,再除以安全系数后,便得到具有一定安全储备的许用情况,如图 7-4 所示。图中 $[\sigma_\mathrm{t}]$ 和 $[\sigma_\mathrm{c}]$ 分别为材料的许用拉应力和许用压应力。设工作应力为 σ_1、σ_2、σ_3(图 7-4),若找出这些应

力间的关系，即可得到莫尔准则的表达式。

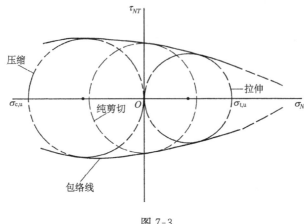

图 7-3

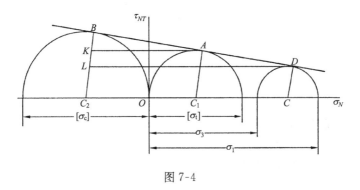

图 7-4

在图 7-4 中，因为 △ABK 与△DBL 相似，故

$$\frac{\overline{BL}}{\overline{BK}} = \frac{\overline{DL}}{\overline{AK}} \tag{a}$$

而

$$\begin{cases} \overline{BL} = \overline{BC_2} - \overline{LC_2} = \frac{[\sigma_c]}{2} - \overline{DC} = \frac{[\sigma_c]}{2} - \frac{\sigma_1 - \sigma_3}{2} \\[2mm] \overline{BK} = \overline{BC_2} - \overline{KC_2} = \overline{BC_2} - \overline{AC_1} = \frac{[\sigma_c]}{2} - \frac{[\sigma_t]}{2} \\[2mm] \overline{DL} = \overline{CC_2} = \overline{OC_2} + \overline{OC} = \frac{[\sigma_c]}{2} + \frac{\sigma_1 + \sigma_3}{2} \\[2mm] \overline{AK} = \overline{C_1 C_2} = \overline{OC_2} + \overline{OC_1} = \frac{[\sigma_c]}{2} + \frac{[\sigma_t]}{2} \end{cases} \tag{b}$$

将式(b)代入式(a)，经简化后得到莫尔失效准则

$$\sigma_1 - \frac{[\sigma_t]}{[\sigma_c]}\sigma_3 = [\sigma_t] \tag{7-10}$$

于是,莫尔强度设计准则(莫尔强度条件)为

$$\sigma_1 - \frac{[\sigma_t]}{[\sigma_c]}\sigma_3 \leqslant [\sigma_t] \tag{7-11}$$

需要说明一下,在推导过程中用了几何关系,即$[\sigma_c]$取为绝对值,因而式(7-11)中的$[\sigma_c]$也应为绝对值。

莫尔强度理论的优越性在于反映了材料拉、压强度性能不同这一特点。工程材料铸铁、球墨铸铁、高合金钢等,它们的拉、压强度性能都不等。应用莫尔强度理论于这类材料,将使设计更为合理,从而使构件用材节省,重量变轻。这对于航天、航空工业来说,更具有重要意义。

若材料的拉、压性能相同,则莫尔准则退化为最大切应力准则$\sigma_1 - \sigma_3 \leqslant [\sigma]$。

前几节讨论的各强度准则表达式(7-6)、式(7-7)、式(7-8)、式(7-9)、式(7-11)的左端,是复杂应力状态下三个主应力的组合。不同的准则,具有不同的组合,此组合称为**相当应力**,用σ_{ri}表示$(i=1,2,3,4,M)$。为了清楚起见,将它们列于表 7-1 中。

表 7-1　强度理论的相当应力

强度理论名称	相当应力 σ_{ri}	一般适用范围
第一强度理论(最大拉应力理论)	$\sigma_{r1} = \sigma_1$	脆性材料拉断
第二强度理论(最大伸长应变理论)	$\sigma_{r2} = \sigma_1 - \nu(\sigma_2 + \sigma_3)$	今一般不用
第三强度理论(最大切应力理论)	$\sigma_{r3} = \sigma_1 - \sigma_3$	拉、压强度性能相同的塑性材料
第四强度理论(形变比能强度理论)	$\sigma_{r4} = \frac{1}{\sqrt{2}} \times$ $\sqrt{(\sigma_1-\sigma_2)^2 + (\sigma_2-\sigma_3)^2 + (\sigma_3-\sigma_1)^2}$	拉、压强度性能相同的塑性材料
莫尔强度理论	$\sigma_{rM} = \sigma_1 - \frac{[\sigma_t]}{[\sigma_c]}\sigma_3$	拉、压强度性能不同的材料

强度理论的研究历史悠久,经久不衰。从 17 世纪到现在,广泛吸引着各不同领域的研究者,其中包括许多著名学者。在提出的众多强度理论中,每一强度理论都只能适用于某一类材料,而不能普遍适用于各类材料。我国学者西安交通大学的俞茂铉(生于 1934 年)教授,已成功地解决了这一问题。他从一个统一的模型出发,推导出一个统一的数学表达式,由此得出现有的强度理论和各种强度理论之间的相互联系,并且可以普遍适用于各类材料,当然也包括各向异性材料。这一成果受到国内外力学界和材料科学界的高度评价和重视,有兴趣的读者,可参阅俞茂铉

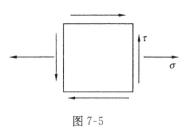

图 7-5

的著作《强度理论新体系》一书(西安交通大学出版社,1992 年)。

例 7-1 图 7-5 所示的单元体是工程中最常见的应力状态,试写出该点的第三、第四相当应力。

解 由图可知

$$\sigma_x = \sigma, \quad \sigma_y = 0, \quad \tau_{xy} = \tau$$

代入式(3-9),得到三个主应力如下:

$$\sigma_1 = \frac{\sigma}{2} + \sqrt{\left(\frac{\sigma}{2}\right)^2 + \tau^2}$$

$$\sigma_2 = 0$$

$$\sigma_3 = \frac{\sigma}{2} - \sqrt{\left(\frac{\sigma}{2}\right)^2 + \tau^2}$$

由此求出相当应力

$$\sigma_{r3} = \sigma_1 - \sigma_3 = \sqrt{\sigma^2 + 4\tau^2}$$

$$\sigma_{r4} = \frac{1}{\sqrt{2}} \sqrt{(\sigma_1 - \sigma_2)^2 + (\sigma_2 - \sigma_3)^2 + (\sigma_3 - \sigma_1)^2} = \sqrt{\sigma^2 + 3\tau^2}$$

例 7-2 球形压力容器如图 7-6(a)所示,其内径 $D = 100$ cm,内压 $p = 3.6$ MPa。已知材料的屈服极限 $\sigma_s = 240$ MPa,安全系数 $n = 1.5$。试按形变比能理论计算容器的壁厚 δ。

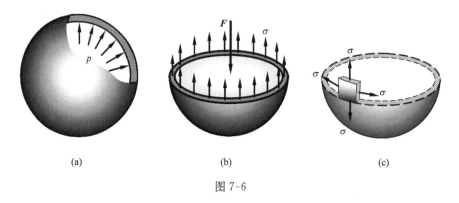

(a)   (b)   (c)

图 7-6

解 用包含直径的平面假想地把容器分为两个半球,保留一部分作为研究对象(图 7-6(b)),半球上内压力的合力为 **F**,并按下式计算:

$$F = p \cdot \frac{\pi}{4} D^2$$

容器截面上的内力为 $\qquad F_N = \pi D\delta \cdot \sigma$

由平衡条件 $\qquad F_N - F = 0$

得到截面上的应力 $\qquad \sigma = \frac{pD}{4\delta}$

由于容器是对称的,包含直径的任意截面上均无切应力,且正应力都为 σ。用 4 个包含直径的截面切出的微体,其应力状态如图 7-6(c)所示(忽略了径向应力)。3 个主应力是

$$\sigma_1 = \sigma_2 = \frac{pD}{4\delta}, \quad \sigma_3 = 0$$

由形变比能理论式(7-9)可得

$$\frac{1}{\sqrt{2}} \sqrt{0 + \left(\frac{pD}{4\delta}\right)^2 + \left(-\frac{pD}{4\delta}\right)^2} \leqslant [\sigma] = \frac{\sigma_s}{n}$$

$$\frac{pD}{4\delta} \leqslant \frac{\sigma_s}{n}$$

$$\delta \geqslant \frac{npD}{4\sigma_s} = \left(\frac{1.5 \times 3.6 \times 10^6 \times 100 \times 10^{-2}}{4 \times 240 \times 10^6}\right) \text{m} = 5.63 \times 10^{-3} \text{ m}$$

所以 $\qquad \delta = 5.63 \text{ mm}$

习 题

7-1 已知应力状态如习题 7-1 图(应力的单位为 MPa)。试按第三、第四强度理论计算相当应力 σ_{r3} 和 σ_{r4}。

7-2 已知应力状态如习题 7-2 图所示(图中应力的单位为 MPa)。按第三、第四强度理论考察图中三个应力状态是否等价? 此三个应力状态三个主应力的平均值 σ_m 彼此是否相等? 试分别画出其应力主圆,并观察其特点。

7-3 试说明或证明:第三、第四强度理论与平均应力无关。

7-4 试证明:在一点六个独立的应力分量 σ_x、σ_y、σ_z、τ_{xy}、τ_{yz}、τ_{zx} 作用下,该点形变比能为

$$u_f = \frac{1+\nu}{6E} \left[(\sigma_x - \sigma_y)^2 + (\sigma_y - \sigma_z)^2 + (\sigma_z - \sigma_x)^2 + 6(\tau_{xy}^2 + \tau_{yz}^2 + \tau_{zx}^2) \right]$$

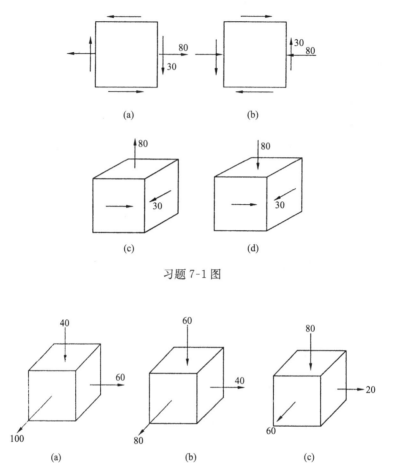

习题 7-1 图

习题 7-2 图

7-5 已知一铸铁圆筒形薄壁容器的内径 $d = 200$ mm,壁厚 $\delta = 15$ mm,承受内压 $p = 4$ MPa,作用在容器两端的轴向拉力 $F = 200$ kN,材料的许用拉应力 $[\sigma_t] = 35$ MPa,许用压应力 $[\sigma_c] = 120$ MPa,$\nu = 0.25$,如习题 7-5 图所示,试用第二强度理论校核其强度。

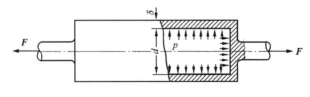

习题 7-5 图

7-6　炮筒横截面如习题 7-6 图所示。在危险点处，$\sigma_\theta = 550$ MPa，$\sigma_r = -350$ MPa，垂直于图面的第三个主应力 $\sigma_x = 420$ MPa。试计算相当应力 σ_{r3} 和 σ_{r4}。

7-7　已知如习题 7-7 所示，钢轨与火车轮接触点 K 的三个主应力 $\sigma_1 = -200$ MPa，$\sigma_2 = -290$ MPa，$\sigma_3 = -350$ MPa。如果钢轨的许用应力$[\sigma] = 160$ MPa，试分别用第三、第四强度理论校核接触点 K 的强度。

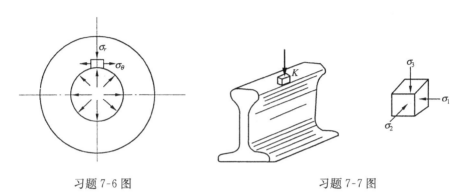

习题 7-6 图　　　　　　　　　　　　习题 7-7 图

第8章 杆件的强度与刚度设计

工程中构件的失效形式有多种,主要为由于材料的屈服和断裂引起的**强度失效**;由于构件过量的弹性变形而引起的**刚度失效**;由于丧失原有的平衡形式而产生的**失稳失效**;由于随时间作周期性变化的交变应力引起的**疲劳失效**;还有在高温下,虽然应力保持不变但应变随时间不断增加而产生的**蠕变失效**及应变保持不变但应力随时间不断降低的**松弛失效**。

本章主要讨论构件的强度、刚度设计,下一章讨论稳定设计。关于疲劳、蠕变和松弛问题读者可参阅其他有关书籍。

8.1 强度设计条件(准则)与刚度设计条件(准则)

8.1.1 强度条件

通过例7-2我们对强度设计有了一个初步认识,但对于一般的构件进行强度设计需依照下列步骤进行。

首先根据内力分析方法,对受力构件进行内力分析(画出内力图),确定可能最先发生强度失效的横截面(**危险截面**);其次根据第5章杆件横截面上应力分析方法,确定危险截面上可能最先发生强度失效的点(**危险点**),并确定出危险点的应力状态;最后根据材料性能(脆性或塑性)判断强度失效形式(断裂或屈服),选择相应的强度理论,建立强度设计条件(简称**强度条件**)

$$\sigma_{ri} \leqslant [\sigma] \quad (i = 1,2,3,4,M) \tag{8-1}$$

根据强度条件式(8-1),可解决下列问题:强度校核;设计截面;确定许可载荷;选择材料。

可以证明(读者可自己完成。先求出各点的主应力 σ_1、σ_2、σ_3,代入式(8-1)即可得到结论):

1)当危险点处于图8-1所示的单向应力状态时(例如轴向拉、压变形),断裂准则和屈服准则都将演变为式(7-5)的统一形式,即

$$\sigma \leqslant [\sigma] \tag{8-2}$$

2)当危险点处于图8-2所示的纯剪切应力状态时(例如扭转变形),若材料为脆性,与最大拉应力准则(第一强度理论)相应的强度条件为

$$\tau \leqslant [\sigma] \tag{8-3}$$

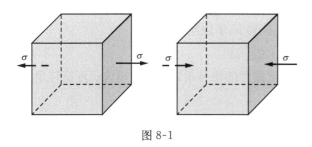

图 8-1

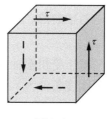

图 8-2

若材料为塑性材料,与最大切应力准则(第三强度理论)相应的强度条件为

$$\tau \leqslant \frac{1}{2}[\sigma] \tag{8-4}$$

与最大形变能准则(第四强度理论)相应的强度条件为

$$\tau \leqslant \frac{1}{\sqrt{3}}[\sigma] \tag{8-5}$$

式(8-3)、式(8-4)、式(8-5)也可写成下列统一形式

$$\tau \leqslant [\tau] \tag{8-6}$$

$[\tau]$ 称为**许用切应力**,它与许用正应力 $[\sigma]$ 之间的关系为

　　脆性材料　　　　　　　　　$[\tau] = (0.8 \sim 1)[\sigma]$

　　塑性材料　　　　　　　　　$[\tau] = (0.5 \sim 0.6)[\sigma]$

　　3)当危险点处于图 8-3 所示的平面应力状态时(例如弯、扭组合变形),与第一强度理论相应的强度条件为

$$\frac{\sigma}{2} + \sqrt{\left(\frac{\sigma}{2}\right)^2 + \tau^2} \leqslant [\sigma] \tag{8-7}$$

与第三、第四强度理论相应的强度条件为(参看例 7-1)

$$\sqrt{\sigma^2 + 4\tau^2} \leqslant [\sigma] \tag{8-8}$$

$$\sqrt{\sigma^2 + 3\tau^2} \leqslant [\sigma] \tag{8-9}$$

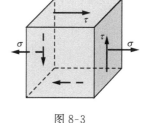

图 8-3

8.1.2　刚度条件

　　对大多数构件,为保证正常工作,除了强度要求外,对其刚度也要有一定要求,要求工作时构件的弹性位移(最大位移或指定位置处的位移)不能超过规定的数值,即

$$\Delta \leqslant [\Delta] \tag{8-10}$$

式中,Δ 为工作位移,$[\Delta]$ 为许用位移,它们可以是线位移,也可以是角位移,因此,

也称 Δ 为广义位移。此式也称刚度设计条件(准则),简称**刚度条件**。

对轴向拉、压杆,位移 Δ 是指轴向位移 u,所以刚度条件为

$$u \leqslant [u] \tag{8-11}$$

对于受扭圆轴,位移 Δ 是指两指定截面的相对扭转角 ϕ 或单位长度扭转角 φ,所以刚度条件为

$$\phi \leqslant [\phi] \tag{8-12}$$

或
$$\varphi \leqslant [\varphi] \tag{8-13}$$

对于梁,位移 Δ 是指挠度 v 和转角 θ,所以刚度条件为

$$v \leqslant [v] \tag{8-14}$$

$$\theta \leqslant [\theta] \tag{8-15}$$

8.2　拉、压杆的强度计算

对于拉、压杆件,强度设计是主要的,只有在对刚度有特殊要求时才进行刚度计算。我们知道轴向拉、压杆横截面上正应力是均匀分布的,各点均处于单向应力状态,因此,强度条件应选式(8-2)的形式。

例8-1　某压力机的立柱如图 8-4 所示。已知 $F = 300$ kN,立柱横截面的最小直径为 42 mm,材料许用应力为 $[\sigma] = 140$ MPa,试对立柱进行强度校核。

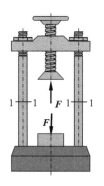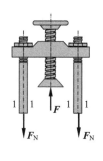

图 8-4

解　按截面法求得两立柱的轴力为

$$F_N = \frac{F}{2} = 150 \text{ kN}$$

最大应力发生在横截面面积最小处,即

$$\sigma_{max} = \frac{F_N}{A_{min}} = \left(\frac{150 \times 10^3}{\dfrac{\pi \times (42 \times 10^{-3})^2}{4}} \right) Pa = 108 \times 10^6 \ Pa = 108 \ MPa$$

与已知条件中给定的许用应力$[\sigma] = 140$ MPa相比较可见,最大工作应力小于许用应力

$$\sigma_{max} < [\sigma]$$

所以,立柱满足强度条件。

例 8-2 旋臂吊车如图 8-5(a)所示,最大吊重(包括电葫芦自重)$F = 20$ kN,不计重量的拉杆 CD 为钢杆,其许用应力$[\sigma] = 100$ MPa,试确定拉杆的直径。

解 (1)求 CD 杆所承受的最大内力

CD 杆为二力杆,承受轴向载荷。取分离体如图 8-5(b)所示,载荷 F 在 AB 杆上的位置是变化的,以 x 表示它到铰链 B 的距离,由平衡方程

$$\sum M_B = 0, \quad Fx - F_N \times BC \sin 30° = 0$$

得

$$F_N = \frac{Fx}{BC \sin 30°} = Fx$$

由上式可见,轴力 F_N 为 x 的线性函数,$x = 3$ m时,即在 A 点起吊时,CD 杆的轴力最大。

$$F_{Nmax} = 3F = (3 \times 20) \ kN = 60 \ kN$$

(2)由强度条件式(8-2)

$$\sigma_{max} = \frac{F_{Nmax}}{A} \leqslant [\sigma]$$

得

$$\frac{4F_{Nmax}}{\pi d^2} \leqslant [\sigma]$$

$$d \geqslant \sqrt{\frac{4F_{Nmax}}{\pi[\sigma]}} = \left(\sqrt{\frac{4 \times 60 \times 10^3}{3.14 \times 100 \times 10^6}} \right) \ m = 2.76 \times 10^{-2} \ m$$

取

$$d = 27.6 \ mm$$

扫描二维码,学习求解此例题的 MATLAB 程序。

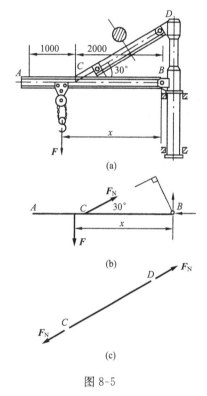

图 8-5

例 8-3 图 8-6(a)为一吊架,AB 为木杆,其横截面面积 $A_{AB} = 10^4$ mm^2,许用应力$[\sigma]_{AB} = 7$ MPa;BC 为钢杆,$A_{BC} = 600$ mm^2,$[\sigma]_{BC} = 160$ MPa。试求 B 处可吊起的最大许可载荷。

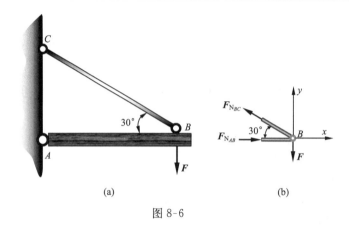

图 8-6

解 求 AB 与 BC 杆的轴力。AB、BC 均为二力杆,由节点 B 的平衡条件(图 8-6(b))

$$\sum F_x = 0, \quad F_{\mathrm{N}_{AB}} - F_{\mathrm{N}_{BC}} \cos 30^\circ = 0$$

$$\sum F_y = 0, \quad F_{\mathrm{N}_{BC}} \sin 30^\circ - F = 0$$

解得

$$F_{\mathrm{N}_{AB}} = \sqrt{3}F(\mathrm{压}), \quad F_{\mathrm{N}_{BC}} = 2F(\mathrm{拉})$$

由杆 AB 的强度条件

$$\sigma_{AB} = \frac{F_{\mathrm{N}_{AB}}}{A_{AB}} \leqslant [\sigma]_{AB}$$

有

$$\frac{\sqrt{3}F}{A_{AB}} \leqslant [\sigma]_{AB}$$

$$F \leqslant \frac{A_{AB}[\sigma]_{AB}}{\sqrt{3}} = \left(\frac{10^4 \times 10^{-6} \times 7 \times 10^6}{\sqrt{3}} \right) \mathrm{N} = 40.4 \times 10^3 \mathrm{N} = 40.4 \ \mathrm{kN}$$

同理,由 BC 杆的强度条件

$$\sigma_{BC} = \frac{F_{\mathrm{N}_{BC}}}{A_{BC}} \leqslant [\sigma]_{BC}$$

有

$$\frac{2F}{A_{BC}} \leqslant [\sigma]_{BC}$$

$$F \leqslant \frac{A_{BC}[\sigma]_{BC}}{2} = \left(\frac{600 \times 10^{-6} \times 160 \times 10^6}{2} \right) \mathrm{N} = 48 \times 10^3 \mathrm{N} = 48 \ \mathrm{kN}$$

只有 AB 和 BC 两杆均满足强度条件,吊架才安全,因此吊架的最大许可载荷应取较小值,即

$$[F] = 40.4 \ \mathrm{kN}$$

前面讨论的杆件,都是受轴向载荷作用的,如果载荷是偏心的(不过轴线,但与轴线平行),此时如何进行强度计算。读者可结合本章后面相应的习题(习题 8-9、8-10)来完成偏心拉、压杆的强度计算。

8.3　连接件的工程实用计算

　　工程中经常用各种各样的连接,将力从一个构件传递到另一个构件。例如图 8-7 中的(a)为铆钉连接;(b)为轴销连接;(c)为焊接连接;(d)为榫连接;还有轮与轴之间的键连接(e)。上述的铆钉、轴销和键等连接件以及被连接的构件在连接处的局部一般要有应力存在。

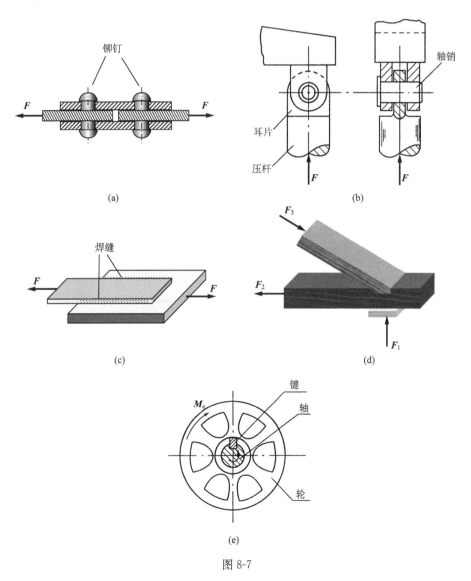

图 8-7

由于连接处的局部变形及应力分布比较复杂,很难作出精确的理论分析。因此工程大都假设应力是均匀分布的,在此基础上进行强度计算,也称**实用计算**。

8.3.1　剪切实用计算

以图 8-8(a)剪床剪钢板为例来说明剪切的概念。钢板在刀刃作用力 F 的推动下,左右两部分将沿两力间的截面 m-m 发生相对错动(图 8-8(b))。当力 F 增加到某一极限值时,钢板将沿截面 m-m 被剪断。构件(如钢板)在一对大小相等、方向相反、作用线相隔很近的外力作用下,截面沿力的作用方向发生相对错动的变形,称为**剪切变形**。产生相对错动的截面(如 m-m)称为**剪切面**。不难看出,剪切破坏是沿剪切面发生的,因此,我们在进行剪切强度计算时,只需考虑剪切面上的内力及应力的大小。

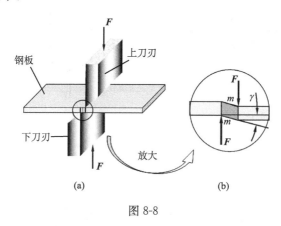

图 8-8

图 8-9(a)所示铆接头,连接件铆钉受力如图 8-9(b)所示。由图 8-9(c)的平衡方程不难求得剪切面上的剪力 F_S

$$F_S = F$$

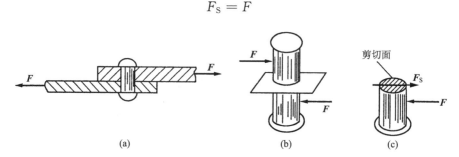

图 8-9

假设剪力 F_S 在剪切面上均匀分布,则切应力的大小如下:

$$\tau = \frac{F_S}{A} \tag{8-16}$$

式中，A 为剪切面的面积。

建立剪切强度条件　　　　　$\tau = \dfrac{F_S}{A} \leqslant [\tau]$ 　　　　　　　　　　(8-17)

式中，$[\tau]$ 为连接件的许用切应力，是根据连接件的实际受力情况，作模拟剪切试验，记下破坏载荷 F_b，由式(8-16)计算出破坏应力 τ_b，再除以安全系数得到，即

$$[\tau] = \frac{\tau_b}{n} \tag{8-18}$$

注意，有些连接件的剪切面不止一个，例如，图 8-7(a)中的铆钉，每个铆钉都有两个剪切面。在实际计算中要正确分析。

8.3.2　挤压实用计算

大多数连接件在承受剪切的同时，常与被连接件在接触面上相互压紧，这种发生在构件表面局部受压的现象称为**挤压**。

例如，再看图 8-9(a)所示的铆接头，当钢板受到拉力 F 作用后，在钢板与铆钉的接触面上，作用有大小相等，方向相反的压力 $\boldsymbol{F}_{bs}$，$\boldsymbol{F}_{bs}$ 称为**挤压力**，如图 8-10 所示剪切面以上部分。当挤压力超过一定限度时，连接件或被连接件在接触面（**挤压面**）附近产生明显的塑性变形，称为**挤压破坏**。在有些情况下，构件在剪切破坏之前可能首先发生挤压破坏，所以要建立挤压强度条件。

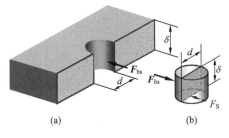

图 8-10

图 8-10 中铆钉与钢板的实际挤压面为半个圆柱面，其上的挤压应力 σ_{bs} 也不是均匀分布的。同上面剪切强度的分析一样，假设挤压力在**挤压计算面积**A_{bs}上均匀分布，即

$$\sigma_{bs} = \frac{F_{bs}}{A_{bs}} \tag{8-19}$$

式中，当实际挤压面为柱面时，A_{bs} 等于实际挤压面向直径平面的投影，如图 8-10(b)。

$$A_{bs} = d \cdot \delta$$

当实际挤压面为平面时，A_{bs}就等于实际挤压面积，即

$$A_{bs} = A_{实}$$

建立挤压强度条件 $\qquad \sigma_{bs} = \dfrac{F_{bs}}{A_{bs}} \leqslant [\sigma_{bs}] \qquad$ (8-20)

式中，$[\sigma_{bs}]$为**许用挤压应力**，由实验测得。一般地，对同一种材料，许用切应力$[\tau]$比许用拉应力$[\sigma]$要小，而许用挤压应力$[\sigma_{bs}]$则比$[\sigma]$大。对于钢材，一般有

$$[\sigma_{bs}] = (1.7 \sim 2.0)[\sigma]$$

例 8-4 图 8-11(a)所示轴销连接，已知 $F = 20$ kN，钢板厚度 $\delta = 10$ mm，轴销与钢板的材料相同。许用应力为$[\tau] = 60$ MPa，$[\sigma_{bs}] = 160$ MPa，试求所需轴销的直径 d。

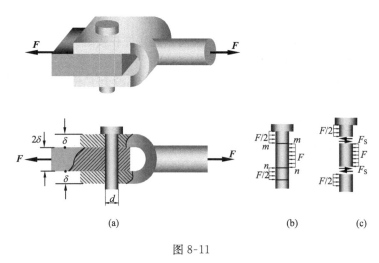

图 8-11

解 轴销受力如图 8-11(b)所示，剪切面为 m-m 及 n-n，这种情况称为双剪切。由静力分析可知，两个剪切面上的剪力相同，均为

$$F_S = \frac{F}{2}$$

按剪切强度条件 $\qquad \tau = \dfrac{F_S}{A} \leqslant [\tau]$

即 $\qquad \dfrac{\dfrac{F}{2}}{\dfrac{\pi d^2}{4}} \leqslant [\tau]$

所以 $\quad d \geqslant \sqrt{\dfrac{2F}{\pi[\tau]}} = \left(\sqrt{\dfrac{2 \times 20 \times 10^3}{3.14 \times 60 \times 10^6}} \right)$ m $= 0.0146$ m $= 14.6$ mm

由图 8-11(b)可知,轴销中间一段的挤压力为 F,而挤压计算面积为 $2\delta d$;两端各段的挤压力为 $F/2$,挤压计算面积为 δd,所以各处的挤压应力相同。按挤压强度条件

$$\sigma_{bs} = \frac{F_{bs}}{A_{bs}} = \frac{F}{2\delta d} \leqslant [\sigma_{bs}]$$

所以

$$d \geqslant \frac{F}{2\delta[\sigma_{bs}]} = \left(\frac{20 \times 10^3}{2 \times 10^{-2} \times 160 \times 10^6} \right) \text{m} = 0.00625 \text{ m} = 6.25 \text{ mm}$$

可见轴销的直径应取 $d = 15$ mm。

扫描二维码,学习求解此例题的 MATLAB 程序。

例 8-5　图 8-12(a)所示的键连接,其剖面图如图 8-12(b)所示。轴所传递的力偶 $M_e = 200$ N·m,轴径 $d = 32$ mm,键的尺寸为 $b \times h \times l = 10$ mm $\times 8$ mm $\times 50$ mm,键的许用应力 $[\tau] = 70$ MPa,$[\sigma_{bs}] = 100$ MPa,试校核键的强度。

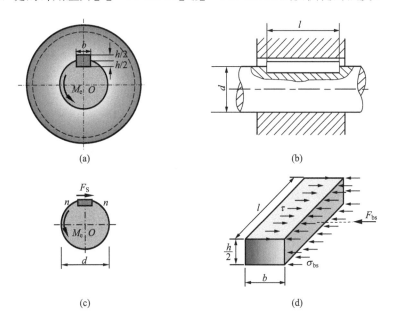

图 8-12

解　(1) 剪切强度校核。首先确定键在剪切面上的剪力,为此将键沿剪切面 $n\text{-}n$ 假想地截开,并把半个键和轴一起取出,如图 8-12(c)所示。根据平衡条件可求得键在剪切面上的剪力 F_S。由 $\sum M_O = 0$ 得

$$F_S \frac{d}{2} - M_e = 0$$

所以 $$F_S = \frac{2M_e}{d} = \left(\frac{2 \times 200}{32 \times 10^{-3}}\right) \text{N} = 12.5 \times 10^3 \text{ N}$$

剪切面面积为 $$A = bl = (10 \times 50) \text{ mm}^2 = 500 \text{ mm}^2$$

因而 $$\tau = \frac{F_S}{A} = \left(\frac{12.5 \times 10^3}{500 \times 10^{-6}}\right) \text{Pa} = 25 \times 10^6 \text{ Pa} = 25 \text{ MPa} < [\tau]$$

故键满足剪切强度。

(2) 挤压强度校核。先确定挤压力,研究半个键的平衡,参见图 8-12(c)(d),由 $\sum F_x = 0$ 得

$$F_{bs} = F_S = 12.5 \times 10^3 \text{ N}$$

由于挤压实际面为平面,所以,挤压计算面积为实际面积

$$A_{bs} = \frac{hl}{2} = (4 \times 50) \text{ mm}^2 = 200 \text{ mm}^2$$

因而

$$\sigma_{bs} = \frac{F_{bs}}{A_{bs}} = \left(\frac{12.5 \times 10^3}{200 \times 10^{-6}}\right) \text{Pa} = 62.5 \times 10^6 \text{ Pa} = 62.5 \text{ MPa} < [\sigma_{bs}]$$

故键也满足挤压强度条件。

所以,键是安全的。

8.3.3 焊缝的实用计算

下面通过一个例题来说明焊缝的实用计算

例 8-6 厚度相同的两块钢板 A、B 用边焊缝搭接,如图 8-13 所示。已知板的许用应力 $[\sigma] = 160$ MPa,焊缝的许用切应力 $[\tau] = 100$ MPa,板宽 $b = 100$ mm,厚度 $\delta = 15$ mm,焊缝长 $l = 120$ mm。试求许可载荷 F。

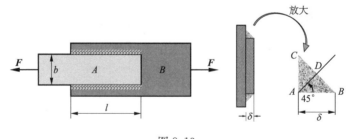

图 8-13

解 焊缝的横截面一般视为等腰三角形,焊缝的最小厚度为三角形斜边的高 $\overline{AD} = \delta\cos 45°$。焊缝主要承受剪切变形,剪切面为焊缝最小厚度的纵截面。因焊缝端部焊接质量较差,通常将焊缝长度扣除 10 mm 后作为计算长度。所以焊缝剪切面面积为

$$A = 2\,\overline{AD}(l - 10) = 2\delta\cos 45°(l - 10)$$

由剪切强度条件
$$\tau = \frac{F_S}{A} \leqslant [\tau]$$

有
$$\frac{F}{2\delta\cos 45°(l - 10)} \leqslant [\tau]$$

所以

$$F \leqslant 2\delta\cos 45°(l - 10)[\tau]$$

$$= \left[2 \times 15 \times 10^{-3} \times \frac{\sqrt{2}}{2}(120 - 10) \times 10^{-3} \times 100 \times 10^{6} \right]\,N = 233 \times 10^{3}\,N$$

由钢板的拉伸强度条件
$$\sigma = \frac{F}{A_{min}} \leqslant [\sigma]$$

有

$$F \leqslant A_{min}[\sigma] = b\delta[\sigma] = (100 \times 15 \times 10^{-6} \times 160 \times 10^{6})\,N = 240 \times 10^{3}\,N$$

许可载荷为二者中的较小者,即

$$[F] = 233\ kN$$

8.4　梁的强度与刚度计算

8.4.1　梁的强度计算

剪力弯曲梁,除最大正应力所在点(单向应力状态)和最大切应力所在点(纯剪切应力状态)外,其余各点同时有正应力和切应力(平面应力状态)。但对实体梁来说,正应力较大的区域切应力值较小,而切应力较大区域(中性轴附近)则正应力值较小,只要保证了最大正应力点的正应力强度条件式(8-2)和最大切应力点的剪切强度条件式(8-3),其余各点的强度也能保证,且细长梁以正应力强度为主要因素。对于一些开口薄壁梁,将会出现正应力和切应力值同时比较大的点,例如,例5-5 中的工字形截面梁,腹板和翼缘的交界处,切应力和正应力值都比较大,所以也必须满足强度条件。下面举例说明梁的强度计算。

例 8-7　图 8-14 所示为一用铸铁制成的 π 字形截面梁。已知截面图形对形心轴的惯性矩 $I_z = 4.5 \times 10^{7}\ mm^4$, $y_1 = 50\ mm$, $y_2 = 140\ mm$;材料许用拉应力及许用压应力分别为 $[\sigma_t] = 30\ MPa$, $[\sigma_c] = 140\ MPa$。试按正应力强度条件校核强度。

解　求出支座 B、D 的约束力,$F_B = 30\ kN(\uparrow)$,$F_D = 10\ kN(\uparrow)$。

画弯矩图,由图可见 B、C 两截面弯矩符号不同。注意到截面上的中性轴为非对称轴,且材料的拉、压许用应力数值不等,故 B、C 两截面均可能为危险截面。

B 截面:

$$\sigma_{t_B} = \frac{M_{z_B}}{I_z} y_1 = \left(\frac{20 \times 10^3}{4.5 \times 10^7 \times (10^{-3})^4} \times 50 \times 10^{-3} \right) \text{Pa}$$

$$= 22.2 \times 10^6 \text{ Pa} = 22.2 \text{ MPa}$$

$$\sigma_{c_B} = \frac{M_{z_B}}{I_z} y_2 = \left(\frac{20 \times 10^3}{4.5 \times 10^7 \times (10^{-3})^4} \times 140 \times 10^{-3} \right) \text{Pa}$$

$$= 62.2 \times 10^6 \text{ Pa} = 62.2 \text{ MPa}$$

C 截面：

$$\sigma_{t_C} = \frac{M_{z_C}}{I_z} y_2 = \left(\frac{10 \times 10^3}{4.5 \times 10^7 \times (10^{-3})^4} \times 140 \times 10^{-3} \right) \text{Pa}$$

$$= 31.1 \times 10^6 \text{ Pa} = 31.1 \text{ MPa}$$

最大拉应力在 C 截面，最大压应力在 B 截面，且 $\sigma_{c_{max}} = \sigma_{c_B} < [\sigma_c]$，而 $\sigma_{t_{max}} = \sigma_{t_C}$ 虽略大于 $[\sigma_t]$，但未超过 5%，故可认为弯曲正应力能满足强度要求。

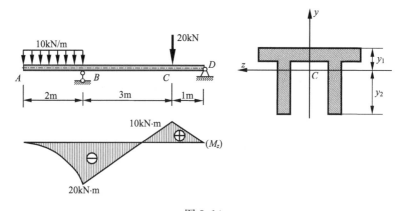

图 8-14

例 8-8 一工字形截面悬臂短梁，如图 8-15 所示。它由三块高强度钢板焊接而成，已知 $l = 240\text{mm}$，$F = 80 \text{ kN}$，材料的许用应力 $[\sigma] = 210\text{MPa}$，要求按最大形变比能理论全面校核梁的强度。

解 为了进行全面校核，需要确定梁内可能的危险点，为此首先画出 F_{S_y}、M_z 图(图 8-15(b)(c))，找出可能的危险截面，然后分析应力找出可能的危险点。

由 F_{S_y}、M_z 图可知，各截面的剪力相等，其值为

$$F_{S_y} = F = 80 \text{ kN}$$

弯矩最大值在固定端 A，其值为

$$M_{z_{max}} = Fl = (80 \times 240 \times 10^{-3}) \text{ kN} \cdot \text{m} = 19.2 \text{ kN} \cdot \text{m}$$

因此，A 截面为危险截面。

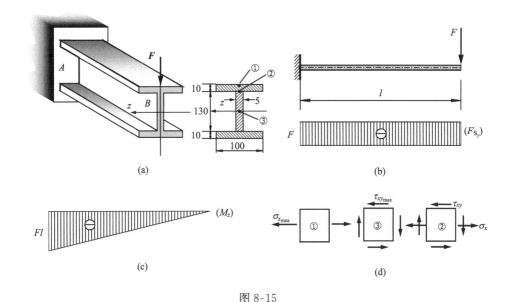

图 8-15

由应力分析我们知道,梁正应力的最大值发生在 A 截面上、下边缘各点,如点①;最大切应力发生在梁各个截面的中性轴上各点,如点③;A 截面上腹板与翼缘的交界处(如点②)也是可能的危险点,因为此处的正应力和切应力都有较大的值,必须进行校核。点①、②、③的应力状态图如图 8-15(d)所示。

（1）对于 A 截面最大正应力作用点①,按强度条件式(8-2)校核

$$\sigma_{x_{\max}} = \frac{M_{z_{\max}}}{I_z} y_{\max}$$

式中 $\qquad\qquad M_{z_{\max}} = 19.2 \text{ kN} \cdot \text{m}, \quad y_{\max} = 75 \text{ mm}$

$$I_z = \left(\frac{100 \times 10^{-3} \times 150^3 \times 10^{-9}}{12} - \frac{(100-5) \times 10^{-3} \times 130^3 \times 10^{-9}}{12} \right) \text{ m}^4$$

$$= 1073 \times 10^{-8} \text{ m}^4$$

于是 $\qquad\quad \sigma_{x_{\max}} = \left(\frac{19.2 \times 10^3 \times 75 \times 10^{-3}}{1\,073 \times 10^{-8}} \right) \text{ Pa} = 134.2 \text{ MPa} < [\sigma]$

因此,A 截面点①满足正应力强度条件。

（2）对于最大切应力作用点③,按强度条件式(8-5)校核

$$\tau_{xy_{\max}} = \frac{F_{S_{y\max}} S_{z_{\max}}^*}{b I_z}$$

式中 $\qquad\qquad F_{S_{y\max}} = F = 80 \text{ kN}, \quad b = 5 \text{ mm}$

$$S_{z_{\max}}^* = \left[\left(10 \times 100 \times 70 + 5 \times 65 \times \frac{65}{2} \right) \times 10^{-9} \right] \text{m}^3 = 8.056 \times 10^{-5} \text{ m}^3$$

于是

$$\tau_{xy_{\max}} = \left(\frac{80 \times 10^3 \times 8.056 \times 10^{-5}}{5 \times 10^{-3} \times 1\,073 \times 10^{-8}} \right) \text{Pa} = 120 \text{ MPa} < \frac{1}{\sqrt{3}} [\sigma] = 121 \text{ MPa}$$

因此,梁最大切应力作用点满足强度条件。

(3) 对于 A 截面上正应力和切应力都较大的点②,与形变比能理论相应的强度条件为式(8-9)

$$\sigma_x = \frac{M_{z_{\max}}}{I_z} y = \left(\frac{19.2 \times 10^3 \times 65 \times 10^{-3}}{1\,073 \times 10^{-8}} \right) \text{Pa} = 116.3 \text{ MPa}(y = 65 \text{ mm})$$

$$\tau_{xy} = \frac{F_{S_y} S_z^*}{b I_z} = \left(\frac{80 \times 10^3 \times 10 \times 100 \times 70 \times 10^{-9}}{5 \times 10^{-3} \times 1\,037 \times 10^{-8}} \right) \text{Pa} = 104.4 \text{ MPa}$$

$$\sigma_{r_4} = \sqrt{\sigma_x^2 + 3\tau_{xy}^2} = \left(\sqrt{116.3^2 + 3 \times 104.4^2} \right) \text{MPa} = 215 \text{ MPa} > [\sigma]$$

σ_{r_4} 略高于许用应力,但未超过 5%,所以可认为点②是安全的。

综合以上结果,梁的强度条件是满足的。由最大切应力的数值看出,对薄壁短梁,切应力强度必须要进行计算。

应该指出,对于符合国家标准的型钢来说,腹板和翼缘交界处的点(例 8-8 的点②)一般不需进行强度校核。因为根据附录 A 中的型钢表附图可见,腹板和翼缘交界处用圆弧过渡,增加了交界处的宽度,保证了最大正应力点和最大切应力点只要满足强度要求,腹板和翼缘交界处也满足强度要求。

例 8-9 矩形截面梁受力如图所示(图 8-16(a))。已知 $q=2$ kN/m,$a=1$ m,材料的许用应力$[\sigma]=110$ MPa,要求设计截面的尺寸 b 和 h。

解 (1)求支座 A、B 的约束力。$F_A = \frac{1}{2} qa(\uparrow)$,$F_B = \frac{5}{2} qa(\uparrow)$。

(2)作 F_{S_y}、M_z 图,找危险截面。作出梁的剪力、弯矩图如图8-16(b)(c)所示。B 截面弯矩值最大

$$M_{z\max} = qa^2$$

而剪力最大值在 B 截面稍左一点

$$F_{S_{y\max}} = \frac{3}{2} qa$$

(3) 对实体细长梁,正应力强度是主要因素,所以危险点应该是最大正应力所在点(B 截面的上、下边缘各点)。由强度条件

$$\sigma_{x_{\max}} = \frac{M_{z_{\max}}}{W_z} \leqslant [\sigma]$$

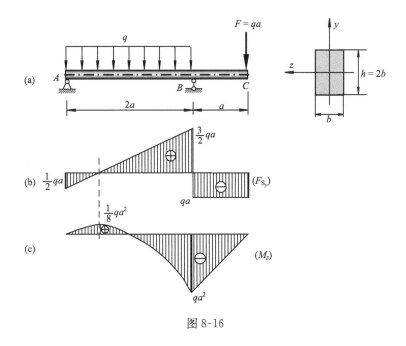

图 8-16

其中

$$W_z = \frac{bh^2}{6} = \frac{b(2b)^2}{6} = \frac{2b^3}{3}$$

于是

$$\frac{M_{z_{\max}}}{2b^3/3} \leqslant [\sigma]$$

$$b \geqslant \sqrt[3]{\frac{3M_{z_{\max}}}{2[\sigma]}} = \left(\sqrt[3]{\frac{3 \times 2 \times 10^3 \times 1^2}{2 \times 110 \times 10^6}} \right) \text{m} = 0.3 \times 10^{-1} \text{ m} = 30 \text{ mm}$$

取 $b = 30$ mm，$h = 2b = 60$ mm。

下面计算梁的最大切应力

$$\tau_{xy_{\max}} = \frac{3}{2} \frac{F_{s_{y\max}}}{A} = \frac{3}{2} \frac{\frac{3}{2}qa}{bh} = \left(\frac{9 \times 2 \times 10^3 \times 1}{4 \times 30 \times 60 \times 10^{-6}} \right) \text{Pa}$$

$$= 2.5 \text{ MPa} \ll \frac{1}{2}[\sigma] (\text{或} \frac{1}{\sqrt{3}}[\sigma])$$

切应力值非常小，仅为 2.5 MPa。因此，通常对实体细长梁可不考虑剪切强度。

扫描二维码，学习求解此例题的 MATLAB 程序。

*例 8-10　矩形截面悬臂梁（图 8-17(a)），截面尺寸为 $h = 80$ mm，$b = 60$ mm，长度 $l = 1$ m。自由端作用一集中力 $F = 5$ kN，$\boldsymbol{F}$ 垂直轴线 x，与 y 轴夹角为 φ（$\boldsymbol{F}$ 沿

截面对角线）。要求确定最大正应力点的位置，并校核正应力强度。$[\sigma] = 130$ MPa。

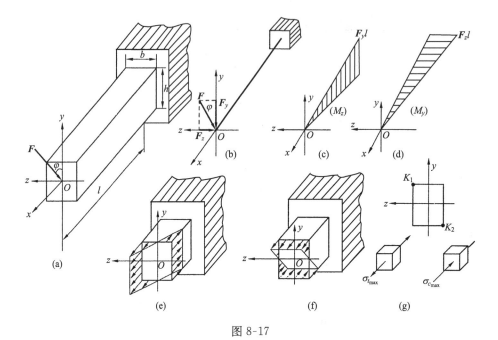

图 8-17

解　载荷 F 没有作用在梁的形心主轴（y、z 轴）所在的平面内，不符合平面弯曲的受力条件。如将 F 力沿两主轴方向分解，如图 8-17(b)所示，则两分力 F_y、F_z 将分别产生平面弯曲。

（1）外力的分解

$$F_y = F\cos\varphi = \left(5 \times \frac{40}{\sqrt{30^2 + 40^2}}\right) \text{ kN} = 4 \text{ kN}$$

$$F_z = F\sin\varphi = \left(5 \times \frac{30}{\sqrt{30^2 + 40^2}}\right) \text{ kN} = 3 \text{ kN}$$

（2）作内力图。此梁为细长梁不考虑剪切强度的影响，因此只作弯矩图。F_y 单独作用时，弯曲在 xOy 平面内发生，弯矩为 M_z。F_z 单独作用时，弯曲在 xOz 平面内发生，弯矩为 M_y。弯矩图分别画在梁的受压侧，如图 8-17(c)、图 8-17(d)所示。最大弯矩都在固定端，因此，最大正应力必发生在固定端所在的截面上。最大弯矩分别为

$$M_{y_{\max}} = F_z l, \quad M_{z_{\max}} = F_y l$$

（3）应力分析，找出危险点。由两个平面弯曲在固定端截面上的应力分布（图 8-17(e)(f)），应用叠加原理，确定出固定端截面的角点 K_1 和 K_2 分别具有最大拉应力和最大压应力，其绝对值相等。K_1、K_2 分别处于单向拉、压应力状态（图 8-17(g)）。

$$\sigma_{x_{max}} = \frac{M_{y_{max}}}{W_y} + \frac{M_{z_{max}}}{W_z} = \frac{F_z l}{\dfrac{hb^2}{6}} + \frac{F_y l}{\dfrac{bh^2}{6}}$$

$$= \left[\frac{3 \times 10^3 \times 1 \times 6}{80 \times 60^2 \times 10^{-9}} + \frac{4 \times 10^3 \times 1 \times 6}{60 \times 80^2 \times 10^{-9}}\right] \text{Pa} = 126 \text{ MPa} < [\sigma]$$

所以，梁满足正应力强度条件。

可以证明，当 $I_y \neq I_z$ 时，自由端截面的总挠度 v 的方向与外载荷 F 的方向不同，所以称为斜弯曲。读者可自己证明，并加以讨论。

8.4.2　梁的刚度计算

例 8-11　矩形截面悬臂梁承受均布载荷如图 8-18(a)所示。已知 $l = 3$ m，$E = 200$ GPa，$[\sigma] = 120$ MPa，许用挠度 $[v] = \dfrac{l}{250}$，$b = 80$ mm，$h = 160$ mm。试确定载荷集度 q 的许可值。

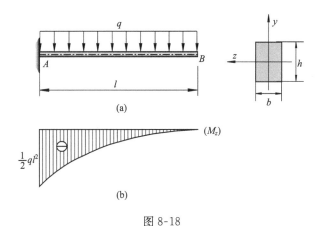

图 8-18

解　本例所涉及的问题是，既要满足强度要求，又要满足刚度要求。首先画出 M_z 图（图 8-18(b)），最大弯矩

$$M_{z max} = \frac{ql^2}{2}$$

由正应力强度条件 $\qquad \sigma_{x_{\max}} = \dfrac{M_{z\max}}{W_z} \leqslant [\sigma]$

有 $\qquad\qquad\qquad \dfrac{\dfrac{ql^2}{2}}{\dfrac{bh^2}{6}} \leqslant [\sigma]$

$$q \leqslant \frac{bh^2[\sigma]}{3l^2} = \left(\frac{80 \times 160^2 \times 10^{-9} \times 120 \times 10^6}{3 \times 3^2} \right) \text{N/m}$$

$$= 9.1 \times 10^3 \text{ N/m} = 9.1 \text{ kN/m}$$

由刚度条件 $\qquad\qquad\qquad v_{\max} \leqslant [v]$

查表 6-1 得最大挠度 $\qquad v_{\max} = \dfrac{ql^4}{8EI_z}$

于是有 $\qquad\qquad\qquad \dfrac{ql^4}{8EI_z} \leqslant \dfrac{l}{250}$

其中 $\qquad\qquad\qquad\qquad I_z = \dfrac{bh^3}{12}$

所以

$$q \leqslant \frac{2Ebh^3}{3l^3 \times 250} = \left(\frac{2 \times 200 \times 10^9 \times 80 \times 160^3 \times 10^{-12}}{3 \times 3^3 \times 250} \right) \text{N/m}$$

$$= 6.47 \times 10^3 \text{ N/m} = 6.47 \text{ kN/m}$$

综合上述计算结果,取以刚度设计得到的 q 值,作为梁所能承受的许可载荷,即

$$[q] = 6.47 \text{ kN/m}$$

8.5　传动轴的设计

8.5.1　传动轴的强度计算

机械中,有许多传动轴都产生弯曲与扭转的组合变形,由叠加原理,分别考虑每个基本变形的应力,然后叠加。例如,图 8-19(a)所示的皮带传动轴。右端的电机输入力偶,由皮带轮 C 输出去,轴的计算简图如图 8-19(b)所示。力偶 $M_e =$ 使轴产生扭转,力 $F = 3F_1$ 使轴发生弯曲,所以此轴是弯扭组合变形(剪力一般忽略不计)。

分别考虑力 F 与力偶 M_e 的作用,画出弯矩图(图 8-19(c))和扭矩图(图 8-19(d))。找出危险截面在 C 轮的稍右截面,危险截面上的弯矩、扭矩值分别为

$$M_z = \frac{F\,ab}{l} = \frac{3F_1\,ab}{l}, \quad T = M_e = F_1\frac{D}{2}$$

由危险载面上的弯曲正应力和扭转剪应力的分布情况（图 8-20(a)(b)）可以看出，危险点在危险截面的上、下两点 K_1、K_2，危险点 K_1 的应力状态如图 8-20(c) 所示，图中 $\sigma = \dfrac{M_z}{W_z}$，$\tau = \dfrac{T}{W_t}$。对于圆轴有 $W_t = 2W_z$。

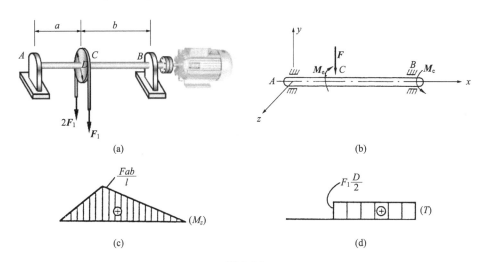

图 8-19

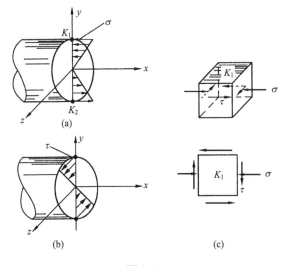

图 8-20

轴类构件一般采用塑性材料,因此应选最大切应力准则或形变比能准则作为强度设计的依据。根据危险点的应力状态情况,相应的强度条件应为式(8-8)或式(8-9),即

$$\sigma_{r_3} = \sqrt{\sigma^2 + 4\tau^2} \leqslant [\sigma] \tag{a}$$

$$\sigma_{r_4} = \sqrt{\sigma^2 + 3\tau^2} \leqslant [\sigma] \tag{b}$$

将 σ、τ 代入上两式,可得

$$\sigma_{r_3} = \frac{1}{W_z}\sqrt{M_z^2 + T^2} = \frac{M_{r_3}}{W_z} \leqslant [\sigma] \tag{8-21}$$

$$\sigma_{r_4} = \frac{1}{W_z}\sqrt{M_z^2 + 0.75T^2} = \frac{M_{r_4}}{W_z} \leqslant [\sigma] \tag{8-22}$$

式中,$M_{r_3} = \sqrt{M_z^2 + T^2}$,$M_{r_4} = \sqrt{M_z^2 + 0.75T^2}$ 分别称为第三、第四强度理论的相当弯矩。

如果圆轴在两个互相垂直的平面内都发生弯曲,即危险截面上有 M_y、M_z 和 T。读者可以证明,相应的强度条件仍为式(8-21)和式(8-22)的形式,但相当弯矩应为

$$M_{r_3} = \sqrt{M_y^2 + M_z^2 + T^2}, \quad M_{r_4} = \sqrt{M_y^2 + M_z^2 + 0.75T^2}$$

并请读者分析危险点的位置。

例 8-12　图 8-19 所示的传动轴,已知电机通过联轴节作用在截面 B 上的力偶 $M_e = 1$ kN·m,轴的长度 $l = 800$ mm,$a = b = l/2 = 400$ mm,皮带轮直径 $D = 300$ mm,轴用材料的许用应力 $[\sigma] = 160$ MPa。试按形变比能理论设计 AB 轴的直径。

解　(1) 外力分析。皮带张力向轴 AB 的轴线简化,得

$$F = 3F_1, \quad M_e = \frac{F_1}{2}D$$

由 $\sum M_x = 0$,即

$$M_e - \frac{F_1}{2}D = 0$$

得

$$F_1 = \frac{2M_e}{D} = \left(\frac{2 \times 1 \times 10^3}{300 \times 10^{-3}}\right) \text{ kN} = 6.67 \text{ kN}$$

(2) 内力分析。危险截面上的最大弯矩和扭矩为

$$M_z = \frac{3F_1ab}{l} = \left(\frac{3 \times 6.67 \times 10^3 \times 400 \times 400 \times 10^{-6}}{800 \times 10^{-3}}\right) \text{ N·m} = 4 \text{ kN·m}$$

$$T = M_e = 1 \text{ kN·m}$$

(3) 强度计算。由式(8-22)

$$\frac{M_{r_4}}{W_z} \leqslant [\sigma]$$

于是
$$\frac{32\sqrt{M_z^2 + 0.75T^2}}{\pi d^3} \leqslant [\sigma]$$

所以

$$d \geqslant \sqrt[3]{\frac{32\sqrt{M_z^2 + 0.75T^2}}{\pi[\sigma]}} = \left[\sqrt[3]{\frac{32\sqrt{(4\times10^3)^2 + 0.75(1\times10^3)^2}}{3.14\times160\times10^6}}\right] m = 0.0639 \text{ m}$$

取 $d = 64$ mm。

* 例 8-13 皮带传动轴如图 8-21(a)所示。B 轮皮带拉力为水平方向，C 轮皮带拉力铅垂方向。已知 B 轮直径 $D_B = 400$ mm，C 轮直径 $D_C = 320$ mm，轴的直径 $d = 22$ mm。材料的许用应力 $[\sigma] = 80$ MPa，试按最大切应力理论校核轴的强度。

解 根据传动轴的受力情况，可绘出如图 8-21(b)所示的计算简图。在 B 截面处有水平方向的集中力 600 N 作用，在 C 截面处有铅垂方向的集中力 750 N 作用，此外，在 B、C 截面处作用有大小相等方向相反的一对扭转力偶矩
$$M_e = [(400-200)\times0.2] \text{N}\cdot\text{m} = 40 \text{ N}\cdot\text{m}$$

先计算铅垂方向的集中力 750 N 引起的支座约束力及弯矩 M_z（图 8-21(c)）
$$F_A = 88.2 \text{ N}, \qquad F_D = 661.8 \text{ N}$$
$$M_{z_B} = (88.2\times0.1) \text{ N}\cdot\text{m} = 8.82\text{N}\cdot\text{m}$$
$$M_{z_C} = (88.2\times0.6) \text{ N}\cdot\text{m} = 52.9 \text{ N}\cdot\text{m}$$

再计算水平方向的集中力 600 N 引起的约束力及弯矩 M_y（图 8-21(d)）
$$F_A = 512 \text{ N}, \qquad F_D = 88 \text{ N}$$
$$M_{y_B} = (512\times0.1) \text{ N}\cdot\text{m} = 51.2 \text{ N}\cdot\text{m}$$
$$M_{y_C} = (88\times0.08) \text{ N}\cdot\text{m} = 7 \text{ N}\cdot\text{m}$$

在 BC 段由扭转力偶矩 M_e 引起的扭矩为
$$T = M_e = 40 \text{ N}\cdot\text{m}$$

轴的扭矩图如图 8-21(e)所示。

虽然 M_y 与 M_z 作用在两个互相垂直的平面内，各自发生平面弯曲，但同一个截面上二者产生的最大应力值不在同一个点上，因此，两个最大应力不能直接相加。因传动轴的横截面为圆形，截面对任一形心轴的抗弯截面模量 W 都相等。故可将同一横截面上的 M_y 与 M_z 按矢量合成为一个合弯矩，进行强度计算。

对 B 截面：　$M_B = [\sqrt{8.8^2 + 51.2^2}] \text{ N}\cdot\text{m} = 52 \text{ N}\cdot\text{m}$

对 C 截面：　$M_C = [\sqrt{52.9^2 + 7^2}] \text{ N}\cdot\text{m} = 53.4 \text{ N}\cdot\text{m}$

C 截面的合弯矩略大一些，故为危险截面，现按第三强度理论校核其强度

$$\sigma_{r_3} = \frac{1}{W}\sqrt{M_C^2 + T^2} = \left(\frac{32}{\pi\times0.022^3}\sqrt{53.4^2 + 40^2}\right)\text{Pa} = 64.1 \text{ MPa} < [\sigma]$$

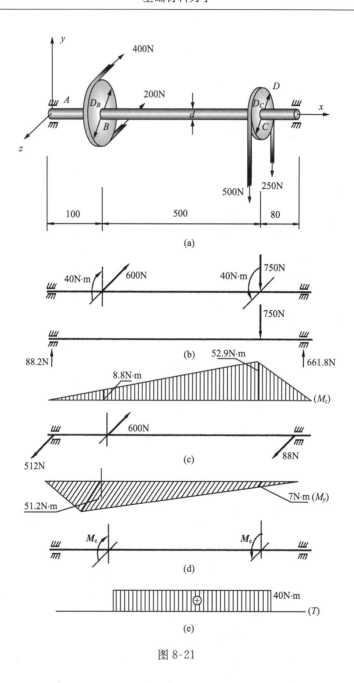

图 8-21

所以该轴符合强度要求。

读者可以考虑,如果轴的危险截面上,除弯矩、扭矩外,还有轴力 F_N,应如何进行强度计算。

8.5.2　传动轴的刚度计算

实际工程中,一般要求轴各处单位长度扭转角 φ 均不得超过许用单位长度扭转角 $[\varphi]$(视工况要求而定),即

$$\varphi_{\max} \leqslant [\varphi]$$

$[\varphi]$ 的量纲通常为 °/m

$$\varphi_{\max} = \left(\frac{T}{GI_P}\right)_{\max} \times \frac{180°}{\pi} \leqslant [\varphi] \ °/m \qquad (8\text{-}23)$$

此式为轴的刚度设计条件。

例 8-14　一传动轴如图 8-22(a)所示,转速 $n=208$ r/min,主动轮 B 的输入功率 $P_B=6$ kW,两个从动轮 A、C 的输出功率分别为 $P_A=4$ kW,$P_C=2$ kW。已知轴的许用应力 $[\sigma]=60$ MPa,许用单位扭转角 $[\varphi]=1°/$ m,剪切弹性模量 $G=80$ GPa,试设计轴的直径 d。

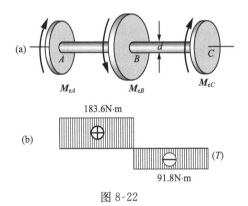

图 8-22

解　(1) 计算外力偶矩,绘扭矩图。由外力偶矩计算式(2-1)

$$M_{e_B} = 9549\frac{P_B}{n} = \left(9549 \times \frac{6}{208}\right) \text{N} \cdot \text{m} = 275.4 \text{ N} \cdot \text{m}$$

$$M_{e_A} = 9549\frac{P_A}{n} = \left(9549 \times \frac{4}{208}\right) \text{N} \cdot \text{m} = 183.6 \text{ N} \cdot \text{m}$$

$$M_{e_C} = 9549\frac{P_C}{n} = \left(9549 \times \frac{2}{208}\right) \text{N} \cdot \text{m} = 91.8 \text{ N} \cdot \text{m}$$

用截面法并根据扭矩符号的规定,得 AB、BC 段的扭矩分别为

$$T_{AB} = 183.6 \text{N} \cdot \text{m}, \quad T_{BC} = -91.8 \text{N} \cdot \text{m}$$

根据以上计算结果,作扭矩图如图 8-22(b)所示。

(2) 按强度条件设计轴的直径。由扭矩图可见,最大扭矩为 $T_{\max} = 183.6$ N·m,危险截面为 AB 段各横截面。危险点在危险截面上周边各个点,处

于纯剪切应力状态。根据最大切应力准则的强度条件式(8-4)

$$\tau_{max} = \frac{T_{max}}{W_t} = \frac{T_{max}}{\frac{\pi d^3}{16}} \leqslant \frac{1}{2}[\sigma]$$

得　　$d \geqslant \sqrt[3]{\frac{16T_{max}}{\pi \frac{1}{2}[\sigma]}} = \left(\sqrt[3]{\frac{16 \times 183.6}{\pi \times 30 \times 10^6}}\right)m = 31.5 \times 10^{-3}m = 31.5\ mm$

（3）按刚度条件设计轴的直径。由刚度条件式(8-23)

$$\varphi_{max} = \frac{T_{max}}{GI_p} \times \frac{180°}{\pi} = \frac{T_{max}}{G\frac{\pi d^4}{32}} \times \frac{180°}{\pi} \leqslant [\varphi]$$

得

$$d \geqslant \sqrt[4]{\frac{32T_{max} \times 180°}{G\pi^2[\varphi]}} = \left(\sqrt[4]{\frac{32 \times 183.6 \times 180}{80 \times 10^9 \times \pi^2 \times 1}}\right)m = 34 \times 10^{-3}\ m = 34\ mm$$

为了同时满足强度及刚度要求，应在以上两计算结果中取较大值作为轴的直径，即轴的直径应大于或等于 34 mm，可取 $d=34$ mm。

扫描二维码，学习求解此例题的 MATLAB 程序。

前面讨论了构件的强度、刚度计算，读者可根据自己的理解、体会，讨论如何提高构件的强度、刚度，试举出几种可行方案。学生也可将方案交给老师并一同讨论。

习　　题

8-1　一桅杆起重机，起重杆 AB 的横截面积如习题 8-1 图所示。钢丝绳的横截面面积为 10 mm²。起重杆与钢丝绳的许用应力均为$[\sigma]=120$ MPa，试校核二者的强度。

8-2　如习题 8-2 图所示，重物 $F=130$ kN 悬挂在由两根圆杆组成的吊架上。AC 是钢杆，直径 $d_1=30$ mm，许用应力$[\sigma]_{st}=160$ MPa。BC 是铝杆，直径 $d_2=40$ mm，许用应力$[\sigma]_{al}=60$ MPa。已知 ABC 为正三角形，试校核吊架的强度。

8-3　习题 8-3 图示结构中，钢索 BC 由一组直径 $d=2$ mm 的钢丝组成。若钢丝的许用应力$[\sigma]=160$ MPa，横梁 AC 每单位长度上受均匀分布载荷 $q=30$ kN/m 作用，试求所需钢丝的根数 n。若将 BC 改用由两根等边角钢形成的组合杆，角钢的许用应力为$[\sigma]=160$ MPa，试选定所需角钢的型号。

8-4　习题 8-4 图示结构中 AC 为钢杆，横截面面积 $A_1=2$ cm²；BC 杆为铜杆，横截面面积 $A_2=3$ cm²，$[\sigma]_{st}=160$ MPa，$[\sigma]_{cop}=100$ MPa，试求许用载荷$[F]$。

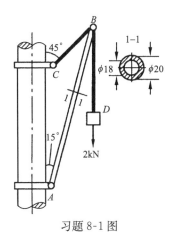

习题 8-1 图

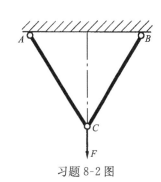

习题 8-2 图

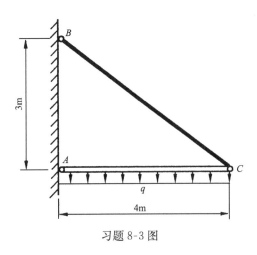

习题 8-3 图

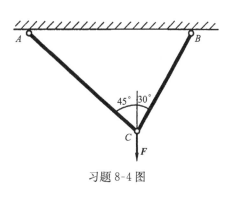

习题 8-4 图

8-5　如习题 8-5 图所示,冲床的最大冲力为 400 kN,被冲剪钢板的剪切极限应力 $\tau_b = 360$ MPa,冲头材料的 $[\sigma] = 440$ MPa,试求在最大冲力作用下所能冲剪的圆孔的最小直径和板的最大厚度。

8-6　习题 8-6 图示凸缘联轴节传递力偶 $M_e = 3$ kN·m。直径为 $d_1 = 12$ mm 的螺栓分布在 $D = 150$ mm 的圆周上,材料的 $[\tau] = 90$ MPa,试校核螺栓的剪切强度。

8-7　习题 8-7 图示焊接头,已知钢板的许用应力 $[\sigma] = 160$ MPa,焊缝的许用应力 $[\tau] = 120$ MPa,焊缝的高度为 6 mm,试求此连接的最大许用拉力 F。

8-8　两块钢板用七个铆钉连接如习题 8-8 图所示。已知钢板的厚度 $\delta = 6$ mm,宽度 $b = 200$ mm,铆钉直径 $d = 18$ mm。材料的许用应力 $[\sigma] = 160$ MPa,$[\tau] = 100$ MPa,$[\sigma_{bs}] = 240$ MPa,载荷 $F = 150$ kN,试校核此接头的强度。

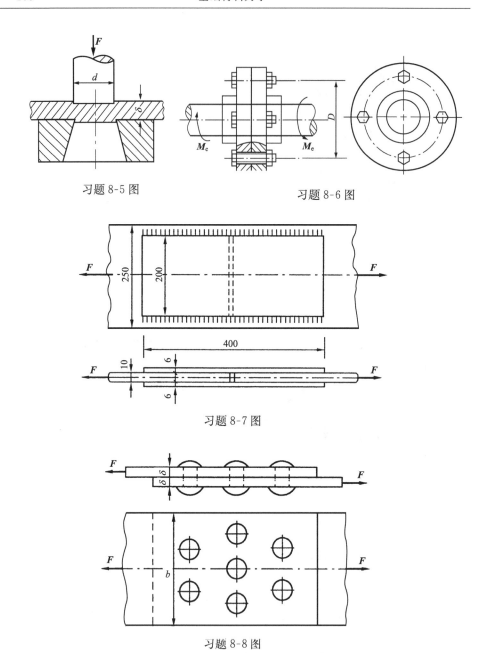

习题 8-5 图

习题 8-6 图

习题 8-7 图

习题 8-8 图

8-9　习题 8-9 图示三根压杆,它们的最小横截面面积相等,材料相同,许用应力 $[\sigma]=120$ MPa,试校核三杆的强度。

8-10　如习题 8-10 图所示,矩形截面杆在自由端承受位于纵向对称面内的纵向载荷 F,若已知 $F=60$ kN,试求:(1)横截面上点 A 的正应力取最小值时的截面

高度 h ;(2)在上述 h 值下点 A 的正应力值。

8-11　习题 8-11 图示槽形截面悬臂梁,$F=10\text{kN},M_e=70\text{ kN}\cdot\text{m},[\sigma_t]=35$ MPa,$[\sigma_c]=120$ MPa,试校核其强度。

8-12　习题 8-12 图示简支梁,由四块尺寸相同的木板胶合而成,试校核其强度。已知 $F=4\text{ kN},l=400\text{ mm},b=50\text{ mm},h=80\text{ mm}$,木板的许用应力$[\sigma]=7$ MPa,胶缝的许用切应力$[\tau]=5$ MPa。

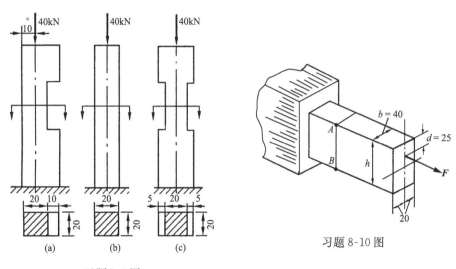

习题 8-9 图

习题 8-10 图

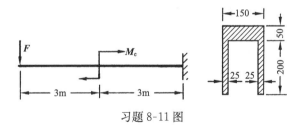

习题 8-11 图

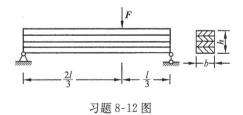

习题 8-12 图

8-13　习题 8-13 图示外伸梁由 25a 号工字钢制成,其跨度 $l=6$ m,全梁上受均布载荷 q 作用。为使支座处截面 A、B 上及跨度中央截面 C 上的最大正应力均为 140 MPa,试求外伸部分的长度 a 及截荷集度 q。

8-14　如习题 8-14 图所示,某四轮吊车之轨道为两根工字形截面梁,设吊车重量 $W=50$ kN,最大起重量 $F=10$ kN,工字钢的许用应力为 $[\sigma]=160$ MPa,$[\tau]=80$ MPa,试选择吊车梁的工字钢型号。

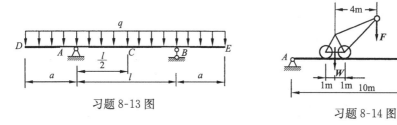

习题 8-13 图　　　　　　　　　　习题 8-14 图

8-15　如习题 8-15 图所示,矩形截面简支梁由圆形木料制成。若要求在圆木中所取矩形截面梁的抗弯截面模量具有最大值,试确定此矩形截面 h/b 的值;$F=5$ kN,$a=1.5$ m,$[\sigma]=10$ MPa时,所需木料的最小直径 d。

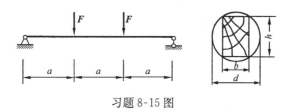

习题 8-15 图

8-16　如习题 8-16 图所示支承楼板的木梁,其两端支承可视为简支,跨度 $l=6$ m,两木梁的间距 $a=1$ m,楼板受均布载荷 $q=3.5$ kN/m² 的作用。若 $[\sigma]=10$ MPa,$[\tau]=1$MPa,木梁截面为矩形,$b/h=2/3$,试选定其尺寸。

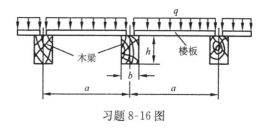

习题 8-16 图

8-17　习题 8-17 图示为一承受纯弯曲的铸铁梁,其截面为⊥形,材料拉伸和压缩的许用应力之比 $[\sigma_t]/[\sigma_c]=1/4$,求水平翼板的合理宽度 b。

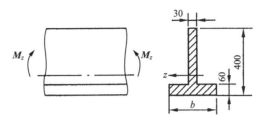

习题 8-17 图

8-18 习题 8-18 图示辊轴直径 $D=280$ mm，$l=450$ mm，$b=100$ mm，轧辊材料的许用应力 $[\sigma]=100$ MPa。试根据轧辊轴的强度求轧辊能承受的最大轧制力 $F(F=qb)$。

8-19 如习题 8-19 图所示，某操纵系统中的摇臂，右端所受的力 $F_1=8.5$ kN，截面 1-1 和 2-2 均为高宽比 $h/b=3$ 的矩形，材料的许用应力 $[\sigma]=50$ MPa。试确定 1-1 及 2-2 两个横截面的尺寸。

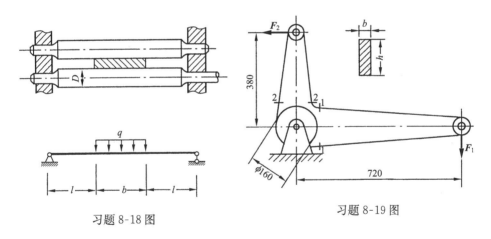

习题 8-18 图

习题 8-19 图

8-20 已知一木质简支梁，横截面为矩形，$l=1$ m，$h=200$ mm，$b=100$ mm。受力情况如习题 8-20 图所示，$F=4$ kN。试计算该梁的最大正应力及其位置。

8-21 如习题 8-21 图所示，有一用 10 号工字钢制造的悬臂梁，长度为 l，在端面处承受通过截面形心且与 y 轴夹角为 α 的集中力 F 作用。试求当 α 为何值时，截面上危险点的应力值为最大。

8-22 两槽钢一端固定，另一端装一定滑轮，拉力 F 可通过定滑轮与拉力为 $F'=40$ kN 的力平衡，构件的主要尺寸见习题 8-22 图，$[\sigma]=80$ MPa，试选择适当的槽钢型号。

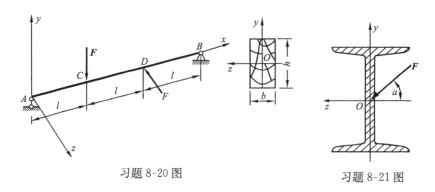

习题 8-20 图　　　　　　　　习题 8-21 图

8-23　为了起吊 $F=30$ kN 的大型设备,采用一台 150 kN 和一台 200 kN 的吊车及一根钢制辅助梁 AB,如习题 8-23 图所示。已知钢材的许用应力 $[\sigma]=160$ MPa,$l=4$ m,试分析和计算:(1)设备吊在 AB 的什么位置(以到 150 kN 吊车的间距 a 表示),才能保证两台吊车都不会超载?(2)若以普通热轧工字钢作为辅梁,确定工字钢型号。

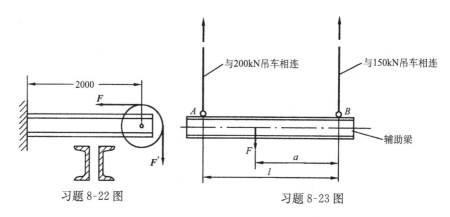

习题 8-22 图　　　　　　　　　　　习题 8-23 图

8-24　习题 8-24 图示结构中,ABC 为 No.10 普通热轧工字型钢梁,钢梁在 A 处为铰链支承,B 处用圆截面钢杆悬吊。已知梁与杆的许用应力均为 $[\sigma]=160$

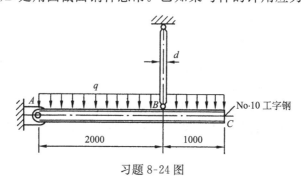

习题 8-24 图

MPa。试求:(1)许可分布载荷集度 q;(2)圆杆直径 d。

8-25　组合梁如习题 8-25 图所示,已知 $q=40$ kN/m,$F=48$ kN,梁材料的许用应力$[\sigma]=160$ MPa。试根据形变比能准则对梁的强度作全面校核。

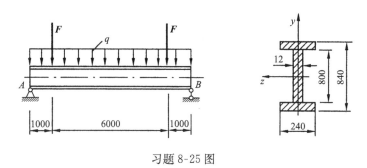

习题 8-25 图

8-26　轴受力情况如习题 8-26 图所示,已知 $F=1.6$ kN,$d=32$ mm,$E=200$ GPa。若要求加力点的挠度不大于许用挠度$[v]=0.05$ mm,试校核轴的刚度。

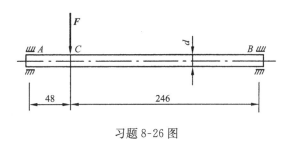

习题 8-26 图

8-27　一端外伸的轴在飞轮重量作用下发生变形,如习题 8-27 图所示,已知飞轮重 $F=20$ kN,轴材料的 $E=200$ GPa,轴承 B 处的许用转角$[\theta]=0.5°$。试设计轴径 d。

8-28　如习题 8-28 图所示,简易桥式起重机的最大载荷 $F=20$ kN,起重机梁为 32a 号工字钢,$E=210$ GPa,$l=8.76$ m,规定许用挠度$[v]=l/500$。试校核梁的刚度。

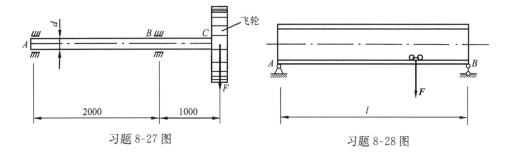

习题 8-27 图　　　　　　　　　　习题 8-28 图

8-29　习题 8-29 图示承受均布载荷的简支梁由两根竖向放置的普通槽钢组成。已知 $q=10$ kN/m，$l=4$ m，材料的许用应力$[\sigma]=100$ MPa，许用挠度$[v]=l/1000$，$E=200$ GPa。试确定槽钢型号。

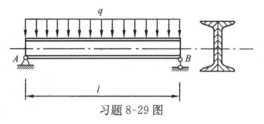

习题 8-29 图

8-30　手摇式提升机如习题 8-30 图所示，最大提升力为 $F=1$ kN，提升机轴的许用应力$[\sigma]=80$ MPa。试按第三及第四强度理论设计轴的直径。

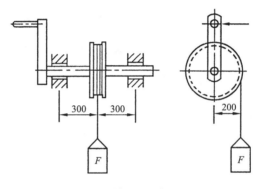

习题 8-30 图

8-31　习题 8-31 图示一齿轮传动轴，齿轮 A 上作用铅垂力 $F_1=5$ kN，齿轮 B 上作用水平方向力 $F_2=10$ kN。若$[\sigma]=100$ MPa，齿轮 A 的直径为 300 mm，齿轮 B 的直径为 150 mm，试用第四强度理论计算轴的直径。

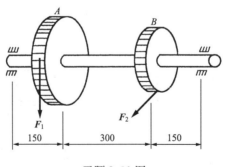

习题 8-31 图

8-32 如习题 8-32 图所示,电动机功率 $P=9$ kW,转速 $n=715$ r/min,皮带轮直径 $D=250$ mm,电动机轴外伸长度 $l=120$ mm,轴的直径 $d=40$ mm,轴材料的许用应力 $[\sigma]=60$ MPa。试按最大切应力理论校核轴的强度。

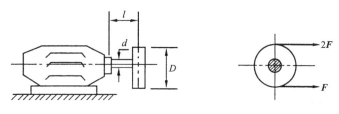

习题 8-32 图

*8-33 习题 8-33 图示传动轴,传递的功率 $P=7$kW,转速 $n=200$ r/min。齿轮 A 上作用的力 F 与水平切线夹角为 20°(即压力角),皮带轮 B 上的拉力 F_1 和 F_2 为水平方向,且 $F_1=2F_2$。若轴的 $[\sigma]=80$ MPa,试对下列两种情况,按最大切应力理论设计轴的直径。(1)忽略皮带轮的重量 W;(2)考虑皮带轮的自重 $W=1.8$ kN。

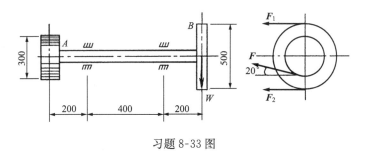

习题 8-33 图

8-34 习题 8-34 图示钢轴所受扭转力偶矩分别为 $M_{e_1}=0.8$ kN・m,$M_{e_2}=1.2$ kN・m 及 $M_{e_3}=0.4$ kN・m。已知 $l_1=0.3$ m,$l_2=0.7$ m,$[\tau]=50$ MPa,$[\varphi]=0.25°/$m,$G=80$ GPa。试求轴的直径。

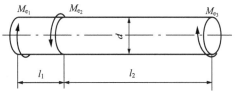

习题 8-34 图

第 9 章　压杆的稳定

工程上压杆的细长程度不一样,有的是短粗的,有的是细长的。压杆的力学问题,需根据压杆的细长程度来区分,对于短粗的压杆属于强度问题,对于细长的压杆属于平衡的稳定性问题。前一问题在上一章已经探讨过了,本章探讨后一问题,确定压杆从稳定的直线平衡状态到不稳定的平衡状态时临界力的大小,并对压杆进行稳定性计算。

9.1　压杆稳定的概念

工程中受压的杆件是非常多的,例如,图 9-1(a)所示火箭发射架撑臂 AB 中的活塞杆,图 9-1(b)所示内燃机配气机构中的挺杆,图 9-1(c)所示压缩机的连杆等。强度失效并不是压杆失效的唯一形式,还有另一种失效形式,即稳定性失效,下面详细讨论。

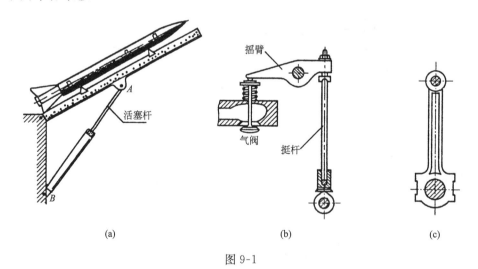

图 9-1

压杆有理想的与不理想的(或有缺陷的)区分,理想的压杆需完全满足如下条件:杆的材料均匀,杆无初始曲率,压力的作用线与杆的轴心线重合。不完全满足这三个条件的压杆为有缺陷的压杆。

在研究压杆平衡的稳定性时,通常是采用理想压杆,也有采用有缺陷压杆的。

这里采用前者。

　　关于压杆平衡稳定性的概念,在绪论中已有所涉及,这里将进行相对详细的阐述。压杆的平衡有稳定平衡与不稳定平衡的区分。受力压杆若能处于平衡状态,经横向干扰后压杆振荡,若振幅不断地衰减,压杆能够恢复到原来的平衡状态,称这种平衡为**稳定平衡**;反之,若振幅不断地增大,压杆不能恢复到原来的平衡状态,称这种平衡为**不稳定平衡**。

　　当压杆承受的压力不超过某一定值(记作 F_{cr})时,压杆的平衡形式是直线平衡,为初始的稳定平衡(图 9-2(a))。当压力超过此定值(F_{cr})时,若压杆能处于平衡状态,则平衡形式有两种可能:第一种,弯曲平衡,这是一种新的稳定平衡(图 9-2(b));第二种,仍为直线平衡,这是一种不稳定平衡(图 9-2(c)),压杆一旦受横向干扰,突然变弯,然后处于新的稳定平衡。这种由直线的不稳定平衡状态跳跃到(或过渡到)新的弯曲的平衡稳定状态,称为压杆的**失稳**。若以 v_o 表示压杆在弯曲时自由端的侧向位移,则在 $F\text{-}v_o$ 坐标系中第一支初始稳定平衡($v_o=0$)与第二支新的稳定平衡($v_o\neq0$)的载荷分叉点 F_{cr} 称为**临界力**(图 9-2(d)),对应的状态称为**临界状态**。

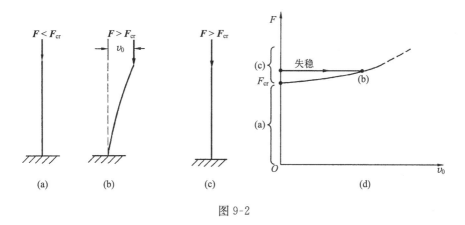

图 9-2

　　临界力是压杆的重要特征值,压杆在超临界力情况下工作,一般是不安全的,因而,必须确定临界力的大小。

　　读者扫描二维码,观看压杆失稳动画。

9.2　两端铰支细长压杆的临界力

　　确定压杆临界力的方法很多,如静力法、微振动法、能量法,静力法中还分理想压杆法与缺陷压杆法。欧拉是考察压杆问题的始祖,他用的是理想压杆的静力法。

这里介绍欧拉法。

共线的一对轴向压力作用在杆的两端（两端为球形铰支座），选取坐标系如图9-3所示，杆的一端在坐标系的原点，另一端在 x 轴上。当轴向压力刚好等于其临界力 F_{cr} 时，压杆失稳且处于微弯曲平衡状态，此时任一横截面上的弯矩为

$$M_{(x)} = -F_{cr}v \tag{a}$$

式中，轴向压力 F_{cr} 为绝对值，由图9-3可见，当弯矩 $M(x)$ 为正值时，杆凹面向上变形，挠度 v 为负值；当弯矩 $M(x)$ 为负值时，杆凹面向下变形，挠度 v 为正值。即，弯矩 $M(x)$ 与挠度 v 正负符号总相反，因此式中加了负号。

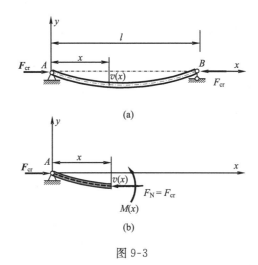

图 9-3

当杆内应力不超过材料比例极限时，根据挠曲线近似微分方程，有

$$v'' = \frac{M_{(x)}}{EI} = -\frac{F_{cr}}{EI}v \tag{b}$$

设

$$k^2 = \frac{F_{cr}}{EI} \tag{c}$$

式(b)改写为

$$v'' + k^2 v = 0 \tag{d}$$

此方程为二阶齐次缺 v' 项的常微分方程，其通解为

$$v = A\sin kx + B\cos kx \tag{e}$$

式中，A、B 为积分常数，由位移边界条件确定：

1）当 $x=0$ 时，$v=0$，代入式(e)后，解得 $B=0$，于是式(e)简化为

$$v = A\sin kx \tag{f}$$

2）当 $x=l$ 时，$v=0$，代入式(f)后，得

$$A\sin kl = 0 \tag{g}$$

要满足式(g)，A 和 $\sin kl$ 至少有一个等于零。若 $A=0$，则 v 恒等于零，即压杆轴线上各点的挠度均为零，这与前面所设压杆在微弯状态下平衡相矛盾。因而只能是

$$\sin kl = 0$$

因而　　　　　　　　　　$$kl = n\pi \quad 或 \quad k = \frac{n\pi}{l}$$

由式(c)得　　　　　　　$$F_{cr} = \frac{(n\pi)^2}{l^2}EI \quad (n = 0, 1, 2, 3, \cdots)$$

对应的挠曲线方程为　　　$$v = A\sin kx = A\sin\frac{n\pi}{l}x$$

若 $n=0$，则 F_{cr} 与 v 均为零，此理论解无用。所以，压杆的临界力公式为

$$F_{cr} = \frac{(n\pi)^2}{l^2}EI = \frac{\pi^2}{(l/n)^2}EI \quad (n = 1, 2, 3, \cdots)$$

当 $n=1$ 时，第一临界力 $F_{cr}^{(1)} = \frac{\pi^2}{l^2}EI$，对应的挠曲线方程为 $v = A\sin\frac{\pi}{l}x$，为正弦半波(图 9-4(a))。且可见，当 $x=l/2$ 时，$v_{l/2} = A$，A 是杆中央的挠度。

当 $n=2$ 时，第二临界力 $F_{cr}^{(2)} = \frac{(2\pi)^2}{l^2}EI = \frac{\pi^2}{(l/2)^2}EI$，对应的挠度曲线方程为 $v = A\sin\frac{2\pi}{l}x$，为正弦全波(图 9-4(b))，$v_{l/4} = A$。

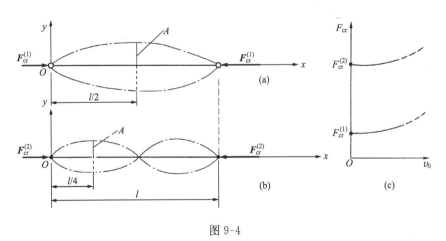

图 9-4

其余类推。由此可见，平衡稳定性问题区别于强度问题的特点是解的多值性。

在工程上最有用的往往是第一临界力，故将第一临界力就简称为临界力

$$F_{cr} = \frac{\pi^2}{l^2}EI \tag{9-1}$$

此式由欧拉于 1744 年首先导出,因此,又称为**欧拉公式**。

　　进一步研究积分常数 A(最大挠度)究竟等于多少? 在采用小挠度理论的近似微分方程的条件下,积分常数 A 是无法确定的,这也恰好暴露了小挠度理论的缺点。但它的优点倒也很突出,即求解临界力简单。如果采用大挠度理论的精确微分方程,经椭圆积分后可以求得临界力与最大挠度的对应关系。

　　扫描二维码,通过微课程学习稳定的概念及临界力的推导。

9.3　不同杆端约束细长压杆的临界力

　　工程中的压杆,两端会有各种不同的约束。约束条件不同,压杆的临界力也不相同,即杆端的约束对临界力有影响。

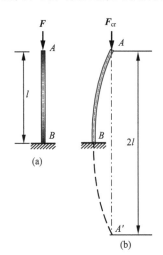

图 9-5

　　图 9-5(a)为一端固定、一端自由,长为 l 的细长压杆。可以按 9.2 节的方法来推导此压杆的临界力公式,但这里不重复上述的繁复过程,而采用如下简捷的方法。

　　将失稳后的挠曲线 AB 对称于固定端 B 向下延长,如图 9-5(b)中虚线 $A'B$ 所示。延长后挠曲线是一条半波正弦曲线,与 9.2 节中两端铰支压杆失稳后的挠曲线一样。这样可想象得到,一端固定、一端自由,长为 l 的细长压杆,其临界力与两端铰支长为 $2l$ 的细长压杆的临界力相同,即

$$F_{cr} = \frac{\pi^2 EI}{(2l)^2} \qquad\qquad (a)$$

　　用这一方法同样会得到其他约束情况压杆的临界力公式,这些公式类似于式(a),故可统一写成

$$F_{cr} = \frac{\pi^2 EI}{(\mu l)^2} \qquad\qquad (9-2)$$

称为**欧拉公式的一般形式**。由式(9-2)可见,杆端约束对临界力的影响表现在系数 μ 上,称 μ 为**长度系数**;μl 为压杆**相当长度**,表示把长为 l 的压杆折算成两端铰支杆后的长度。几种常见约束情况下的长度系数 μ 列入表 9-1 中。

　　表 9-1 中所列的只是几种典型情况,实际问题中压杆的约束情况可能更复杂。对于这些复杂约束的长度系数可从有关设计手册或规范中查到。

表 9-1　各种杆端约束下压杆的长度系数和欧拉公式

杆端约束情况	两端铰支	一端固定一端铰支	一端固定一端滑动	一端固定一端自由	一端固定一端两向滑动
失稳时挠曲线形状	F_{cr}	F_{cr}	F_{cr}	F_{cr}	F_{cr}
长度系数	$\mu=1$	$\mu=0.7$	$\mu=0.5$	$\mu=2$	$\mu=1$
欧拉公式	$F_{cr}=\dfrac{\pi^2 EI}{l^2}$	$F_{cr}=\dfrac{\pi^2 EI}{(0.7l)^2}$	$F_{cr}=\dfrac{\pi^2 EI}{(0.5l)^2}$	$F_{cr}=\dfrac{\pi^2 EI}{(2l)^2}$	$F_{cr}=\dfrac{\pi^2 EI}{l^2}$

9.4　欧拉公式的应用范围　经验公式

将式(9-2)的两端同时除以压杆横截面面积 A,得到的压应力称为压杆的**临界应力**,用 σ_{cr} 表示

$$\sigma_{cr} = \frac{F_{cr}}{A} = \frac{\pi^2 EI}{(\mu l)^2 A} \tag{a}$$

引入截面的惯性半径 i
$$i^2 = \frac{I}{A} \tag{9-3}$$

这样式(a)可改写为
$$\sigma_{cr} = \frac{\pi^2 E}{\lambda^2} \tag{9-4}$$

式(9-4)是应力形式的欧拉公式。式中

$$\lambda = \frac{\mu l}{i} \tag{9-5}$$

称为压杆的**柔度**,是一个无量纲的量。

由公式(9-4)可知,相同材料压杆的临界应力取决于压杆的柔度 λ,而压杆的柔度与压杆的长度、约束条件以及截面的形状、尺寸有关。

在推导欧拉公式时,曾使用了弯曲时挠曲线近似微分方程式 $\dfrac{\mathrm{d}^2 v}{\mathrm{d}x^2} = \dfrac{M(x)}{EI}$,而这个方程是建立在材料服从胡克定律基础上的。试验已证实,当临界应力不超过

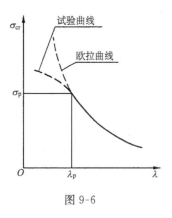

图 9-6

材料比例极限 σ_p 时,由欧拉公式得到的理论与试验曲线十分相符;而当临界应力超过 σ_p 时,两条曲线随着柔度减小相差得越来越大(图 9-6)。这说明欧拉公式只有在临界应力不超过材料的比例极限时才适用,即

$$\sigma_{cr} = \frac{\pi^2 E}{\lambda^2} \leqslant \sigma_p$$

或

$$\lambda \geqslant \pi\sqrt{\frac{E}{\sigma_p}} \tag{b}$$

欧拉公式成立时压杆柔度 λ 的最小值用 λ_p 表示,即

$$\lambda_p = \pi\sqrt{\frac{E}{\sigma_p}} \tag{9-6}$$

式(9-6)说明,极限值 λ_p 只与压杆的材料有关。例如,低碳钢的 λ_p 大约为 100,铝合金的 λ_p 大约为 63。这样,只有 $\lambda \geqslant \lambda_p$ 时,才能应用欧拉公式来计算压杆的临界力或临界应力。满足 $\lambda \geqslant \lambda_p$ 这一条件的压杆,称为**细长杆或大柔度杆**。

如图 9-6 所示,当压杆的柔度 $\lambda < \lambda_p$ 时,临界应力 $\sigma_{cr} > \sigma_p$,欧拉公式已不适用,这是超过材料比例极限压杆的稳定问题。对于这类失稳问题,曾进行过许多理论和实验研究工作,得出理论分析的结果。但目前工程中普遍采用的是一些以实验为基础的经验公式。经常使用的经验公式有直线公式与抛物线公式。这里只介绍直线公式。

将临界应力与杆的柔度表示成如下的线性关系:

$$\sigma_{cr} = a - b\lambda \tag{9-7}$$

式中,a、b 是与材料性质有关的系数。一些材料的 a、b 数值列入表 9-2 中。由式(9-7)可见,临界应力 σ_{cr} 随着柔度 λ 的减小而增大。

表 9-2　一些材料的 a、b 数值

材料 σ_s、σ_b/MPa		a/MPa	b/MPa
Q235 钢	$\sigma_b \geqslant 372$ $\sigma_s \geqslant 235$	304	1.12
优质碳钢	$\sigma_b \geqslant 471$ $\sigma_s \geqslant 306$	461	2.568
硅钢	$\sigma_b \geqslant 510$ $\sigma_s \geqslant 353$	578	3.744
铸铁		332.2	1.454
强铝		373	2.15
松木		28.7	0.19

对于很小柔度的短压杆,当它所受到的压力达到材料的屈服极限 σ_s(塑性材料)或强度极限 σ_b(脆性材料)时,在失稳破坏之前,就因强度不足而发生强度破坏。对于这种压杆,不存在稳定性问题,其临界应力应该为屈服极限或强度极限。这样看来,直线公式也应有限制条件。若以塑性材料为例,有

$$\sigma_{cr} = a - b\lambda \leqslant \sigma_s$$

或 $$\lambda \geqslant \frac{a - \sigma_s}{b} \tag{c}$$

直线公式成立时,压杆柔度 λ 的最小值用 λ_s 表示,即

$$\lambda_s = \frac{a - \sigma_s}{b} \tag{9-8}$$

如同 λ_p 一样,λ_s 也只与材料有关。当压杆的柔度 λ 值满足 $\lambda_s \leqslant \lambda \leqslant \lambda_p$ 条件时,临界应力用直线公式计算。这样的压杆被称为**中长杆或中等柔度杆**。

综上所述,压杆的临界应力随着压杆柔度变化的情况可用图 9-7 的曲线来表示。该曲线是采用直线公式时的临界应力总图。总图表明:

1) 当 $\lambda \geqslant \lambda_p$ 时,是细长杆,存在材料比例极限内的稳定性问题,临界应力用欧拉公式计算;

2) 当 λ_s(或 λ_b)$\leqslant \lambda \leqslant \lambda_p$ 时,是中长杆,存在超过材料比例极限的稳定性问题,临界应力用直线公式计算;

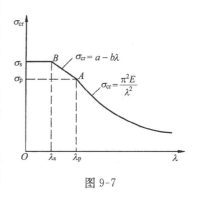

图 9-7

3) 当 $\lambda \leqslant \lambda_s$(或 λ_b)时,是**短粗杆**,不存在稳定性问题,只有强度问题,临界应力就是屈服极限 σ_s 或强度极限 σ_b。

9.5　压杆稳定性计算

从 9.4 节中讨论可知,对不同柔度的压杆总可以计算出它的临界应力。将临界应力乘以压杆横截面面积,就得到临界力。值得注意的是,因为临界力是由压杆整体变形决定的,局部削弱(如开孔、槽等)对杆件整体变形影响很小,所以计算临界应力或临界力时可采用未削弱处截面的几何量。

压杆的临界力 F_{cr} 与压杆实际承受的轴向压力 F 的比值,称为压杆的**工作安全系数** n_{st},应使其不低于规定的**稳定安全系数** $[n]_{st}$,这样就建立了压杆**稳定性条件**

$$n_{st} = \frac{F_{cr}}{F} \geqslant [n]_{st} \tag{9-9}$$

由稳定性条件便可对压杆进行稳定性计算,在工程中主要是稳定性校核。通常 $[n]_{st}$ 规定的比强度安全系数高,原因是一些难以避免的因素(如压杆的初弯曲、材料不均匀、压力偏心以及支座缺陷等)对压杆稳定性影响远远超过对强度的影响。

式(9-9)是用安全系数形式表示的稳定性条件,在工程中还可以用应力形式表示稳定性条件

$$\sigma = \frac{F}{A} \leqslant [\sigma]_{st} \qquad\qquad (a)$$

式中, $[\sigma]_{st}$ 为稳定许用应力,它不但与材料有关,同时还随压杆柔度 λ 的不同而异。另外,对不同柔度的压杆又规定了不同的安全系数,因而 $[\sigma]_{st}$ 不同于以前的强度许用应力 $[\sigma]$ 。在某些结构设计中,常常把材料的强度许用应力 $[\sigma]$ 乘以一个小于 1 的系数 φ 作为稳定许用应力 $[\sigma]_{st}$,即

$$[\sigma]_{st} = \varphi[\sigma] \qquad\qquad (b)$$

式中, φ 称**折减系数**,它随压杆柔度 λ 的不同而不同,且总有 $\varphi<1$ 。几种常用材料压杆的折减系数列于表 9-3 和表 9-4 中。引入折减系数后,式(a)可写为

$$\sigma = \frac{F}{A} \leqslant \varphi[\sigma] \qquad\qquad (9\text{-}10)$$

表 9-3　Q215 钢和 Q235 钢中心受压构件的折减系数 φ

λ	0	1	2	3	4	5	6	7	8	9
0	1.000	1.000	1.000	1.000	0.999	0.999	0.998	0.998	0.997	0.996
10	0.995	0.994	0.993	0.992	0.991	0.989	0.988	0.987	0.985	0.983
20	0.981	0.979	0.977	0.975	0.973	0.971	0.969	0.966	0.963	0.961
30	0.958	0.956	0.953	0.950	0.947	0.944	0.941	0.937	0.934	0.931
40	0.927	0.923	0.920	0.916	0.912	0.908	0.904	0.900	0.896	0.892
50	0.888	0.884	0.879	0.875	0.870	0.816	0.861	0.856	0.851	0.847
60	0.842	0.837	0.832	0.826	0.821	0.866	0.811	0.805	0.800	0.795
70	0.789	0.784	0.778	0.772	0.767	0.761	0.755	0.749	0.743	0.737
80	0.731	0.725	0.719	0.713	0.707	0.701	0.695	0.688	0.682	0.676
90	0.669	0.663	0.657	0.650	0.644	0.637	0.631	0.624	0.617	0.611
100	0.604	0.597	0.591	0.584	0.577	0.570	0.563	0.557	0.550	0.543
110	0.536	0.529	0.522	0.515	0.508	0.501	0.494	0.487	0.480	0.473
120	0.466	0.459	0.452	0.445	0.439	0.432	0.426	0.420	0.413	0.407
130	0.401	0.396	0.390	0.384	0.379	0.374	0.369	0.364	0.359	0.354
140	0.349	0.344	0.340	0.335	0.331	0.327	0.322	0.318	0.314	0.310
150	0.306	0.303	0.299	0.295	0.292	0.288	0.285	0.281	0.278	0.275
160	0.272	0.268	0.265	0.262	0.259	0.256	0.254	0.251	0.248	0.245

续表

λ	0	1	2	3	4	5	6	7	8	9
170	0.243	0.240	0.237	0.235	0.232	0.230	0.227	0.225	0.223	0.220
180	0.180	0.216	0.214	0.212	0.210	0.207	0.205	0.203	0.201	0.199
190	0.197	0.196	0.194	0.192	0.190	0.188	0.187	0.185	0.183	0.181
200	0.180	0.178	0.176	0.175	0.173	0.172	0.170	0.169	0.167	0.166
210	0.164	0.163	0.162	0.160	0.159	0.158	0.156	0.155	0.154	0.152
220	0.151	0.150	0.149	0.147	0.146	0.145	0.144	0.143	0.142	0.141
230	0.139	0.138	0.137	0.136	0.135	0.134	0.133	0.132	0.131	0.130
240	0.129	0.128	0.127	0.126	0.125	0.125	0.124	0.123	0.122	0.121
250	0.120									

表 9-4 16Mn 钢中心受压构件的折减系数 φ

λ	0	1	2	3	4	5	6	7	8	9
0	1.000	1.000	1.000	0.999	0.999	0.998	0.998	0.997	0.996	0.994
10	0.993	0.992	0.990	0.989	0.987	0.985	0.983	0.980	0.978	0.976
20	0.973	0.970	0.967	0.964	0.961	0.958	0.955	0.951	0.948	0.944
30	0.940	0.936	0.932	0.928	0.923	0.919	0.915	0.910	0.905	0.900
40	0.895	0.890	0.885	0.880	0.874	0.869	0.863	0.858	0.852	0.846
50	0.840	0.834	0.828	0.822	0.815	0.809	0.803	0.799	0.789	0.783
60	0.776	0.769	0.762	0.755	0.748	0.741	0.734	0.727	0.719	0.712
70	0.705	0.697	0.690	0.682	0.674	0.667	0.659	0.651	0.643	0.635
80	0.627	0.619	0.611	0.603	0.595	0.587	0.579	0.571	0.563	0.554
90	0.546	0.538	0.530	0.521	0.513	0.504	0.496	0.488	0.479	0.571
100	0.462	0.454	0.445	0.436	0.428	0.420	0.413	0.405	0.398	0.391
110	0.384	0.378	0.371	0.365	0.359	0.353	0.347	0.341	0.336	0.331
120	0.325	0.320	0.315	0.310	0.315	0.301	0.296	0.292	0.288	0.283
130	0.279	0.275	0.271	0.267	0.263	0.260	0.256	0.253	0.249	0.246
140	0.242	0.239	0.236	0.233	0.230	0.227	0.224	0.221	0.218	0.215
150	0.213	0.210	0.207	0.205	0.202	0.200	0.197	0.195	0.193	0.190
160	0.188	0.186	0.184	0.182	0.180	0.178	0.176	0.174	0.172	0.170
170	0.168	0.166	0.164	0.162	0.161	0.159	0.157	0.156	0.154	0.152
180	0.151	0.149	0.148	0.146	0.145	0.143	0.142	0.140	0.139	0.138

右上角：续表

λ	0	1	2	3	4	5	6	7	8	9
190	0.136	0.135	0.134	0.132	0.131	0.130	0.129	0.128	0.126	0.125
200	0.124	0.126	0.122	0.121	0.120	0.118	0.117	0.116	0.115	0.114
210	0.113	0.112	0.111	0.110	0.109	0.108	0.108	0.107	0.106	0.105
220	0.104	0.100	0.102	0.101	0.101	0.100	0.099	0.098	0.097	0.097
230	0.096	0.095	0.094	0.094	0.093	0.092	0.091	0.091	0.090	0.089
240	0.089	0.088	0.087	0.087	0.086	0.085	0.085	0.084	0.084	0.083
250	0.082									

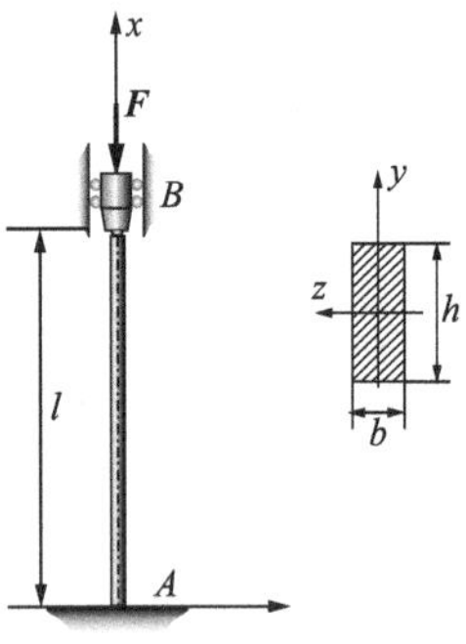

图 9-8

例 9-1　一端固定、一端球形铰支的中心受压杆如图 9-8 所示。压力 $F=200$ kN，截面尺寸 $h=100$ mm，$b=40$mm，$l=2$m。材料为优质碳钢，比例极限 $\sigma_p=300$ MPa，弹性模量 $E=210$ GPa，规定稳定安全系数 $[n]_{st}=2.5$，要求校核压杆的稳定性。

解　对矩形截面，i_y 和 i_z 不相等。压杆在 i 最小的纵向平面内柔度最大。

$$\lambda_{max}=\frac{\mu l}{i_y}=\frac{\mu l}{b/\sqrt{12}}=\frac{0.7\times 2}{40\times 10^{-3}/\sqrt{12}}=121$$

由材料性质确定界限柔度 λ_p，由式(9-6)

$$\lambda_p=\pi\sqrt{\frac{E}{\sigma_p}}=\pi\sqrt{\frac{210\times 10^9}{300\times 10^6}}=83$$

可见 $\lambda_{max}>\lambda_p$，属大柔度压杆，用欧拉公式(9-4)可求出临界力

$$F_{cr}=\sigma_{cr}\cdot A=\frac{\pi^2 E}{\lambda^2}\cdot A=\left(\frac{\pi^2\times 210\times 10^9}{121^2}\times 40\times 100\times 10^{-6}\right)\text{N}=565\text{ kN}$$

$$n_{st}=\frac{F_{cr}}{F}=\frac{565}{200}=2.8>[n]_{st}$$

故此压杆稳定。

例 9-2　图 9-9(a)所示支架中，BC 杆的直径 $d=45$ mm，$l=703$ mm，材料为优质碳钢，$\sigma_s=350$ MPa，$\sigma_p=280$ MPa，$E=210$ GPa。规定稳定安全系数 $[n_{st}]=4$，试按 BC 杆的稳定性确定支架的许可载荷 $[F]$。

解　BC 杆两端铰支 $\mu=1$，圆截面的惯性半径为

$$i = \sqrt{\frac{I}{A}} = \sqrt{\frac{\frac{\pi d^4}{64}}{\frac{\pi d^2}{4}}} = \frac{d}{4}$$

柔度为 $\lambda = \dfrac{\mu l}{i} = \dfrac{1 \times 703}{45/4} = 62.5$

界限柔度 $\lambda_p = \pi \sqrt{\dfrac{E}{\sigma_p}} = \pi \sqrt{\dfrac{210 \times 10^9}{280 \times 10^6}} = 86$

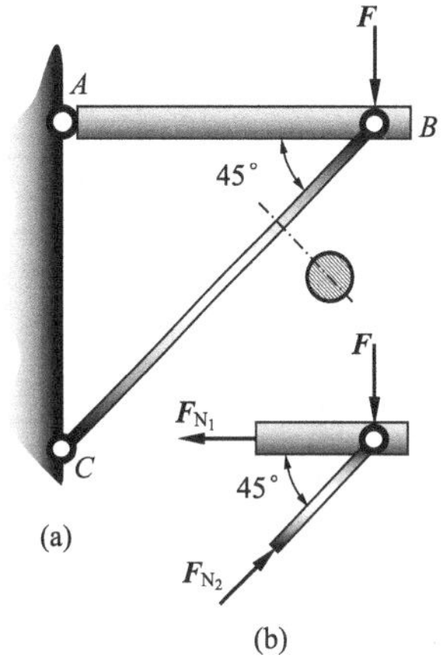

由于 $\lambda < \lambda_p$,不能用欧拉公式,这里采用直线经验公式。由表 9-2 查得,优质碳钢的 $a = 461$ MPa, $b = 2.568$ MPa。

$$\lambda_s = \frac{a - \sigma_s}{b} = \frac{461 - 350}{2.568} = 43.2$$

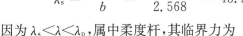

图 9-9

因为 $\lambda_s < \lambda < \lambda_p$,属中柔度杆,其临界力为

$$F_{cr} = \sigma_{cr} \cdot A = (a - b\lambda)A$$

$$= \left[(461 - 2.568 \times 62.5) \times 10^6 \times \frac{\pi}{4} \times 45^2 \times 10^{-6}\right] N = 477.9 \text{ kN}$$

利用节点 B 的平衡求 BC 杆的工作压力,由图 9-9(b),工作压力为

$$F_{N_2} = \frac{F}{\cos 45°}$$

由稳定性条件式(9-9)

$$\frac{F_{cr}}{F_{N_2}} \geqslant [n]_{st}$$

$$\frac{F_{cr}}{F/\cos 45°} \geqslant [n]_{st}$$

所以 $F \leqslant \dfrac{F_{cr} \cos 45°}{[n]_{st}} = \left(\dfrac{477.9 \times \sqrt{2}}{8}\right) \text{kN} = 84.5 \text{ kN}$

即许可载荷 $[F] = 84.5 \text{ kN}$

例 9-3 一连杆如图 9-10 所示。材料为 Q235 钢,其 $E = 200$ GPa, $\sigma_p = 200$ MPa, $\sigma_s = 240$ MPa,承受轴向压力 $F = 110$ kN。若 $[n]_{st} = 3$,试校核连杆的稳定性。

解 根据图 9-10 中连杆端部约束情况,在 x-y 纵向平面内可视为两端铰支;在 x-z 平面内可视为一端固定、一端滑动约束。分别计算这两个纵向平面的柔度,从而得到最大柔度。

在 x-y 纵向平面内,$\mu = 1$,z 轴为中性轴

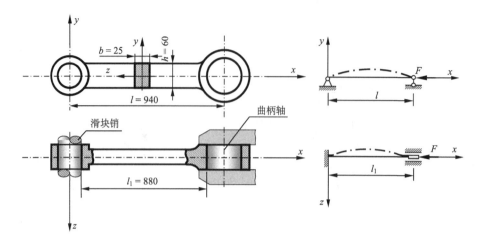

图 9-10

$$i_z = \sqrt{\frac{I_z}{A}} = \frac{h}{2\sqrt{3}} = \left(\frac{6}{2\sqrt{3}}\right)\text{cm} = 1.732 \text{ cm}$$

$$\lambda_z = \frac{\mu l}{i_z} = \frac{1 \times 94}{1.732} = 54.3$$

在 x-z 纵向平面内,$\mu = 0.5$,y 轴为中性轴

$$i_y = \sqrt{\frac{I_y}{A}} = \frac{b}{2\sqrt{3}} = \left(\frac{2.5}{2\sqrt{3}}\right)\text{cm} = 0.722 \text{ cm}$$

$$\lambda_y = \frac{\mu l}{i_y} = \frac{0.5 \times 88}{0.722} = 61$$

$\lambda_y > \lambda_z$,即 $\lambda_{\max} = \lambda_y = 61$。连杆若失稳必发生在 x-z 纵向平面内。

$$\lambda_p = \pi\sqrt{\frac{E}{\sigma_p}} = \pi\sqrt{\frac{200 \times 10^9}{200 \times 10^6}} = 100$$

$\lambda_{\max} < \lambda_p$,该连杆不属细长杆,不能用欧拉公式计算其临界应力。这里采用直线公式,查表 9-2,Q235 钢的 $a = 304$ MPa,$b = 1.12$ MPa。

$$\lambda_s = \frac{a - \sigma_s}{b} = \frac{304 - 240}{1.12} = 57$$

$\lambda_{\max} > \lambda_s$,属中长杆。

$$\sigma_{cr} = a - b\lambda_{\max} = (304 - 1.12 \times 61)\text{MPa} = 235.7 \text{ MPa}$$

$$F_{cr} = A \cdot \sigma_{cr} = (6 \times 2.5 \times 10^{-4} \times 235.7 \times 10^6) \text{ N} = 353.6 \text{ kN}$$

$$n_{st} = \frac{F_{cr}}{F} = \frac{353.6}{110} = 3.2 > [n]_{st}$$

该连杆稳定。

扫描二维码,学习求解此例题的 MATLAB 程序。

例 9-4　简易吊车摇臂如图 9-11 所示。两端铰接的 *AB* 杆由钢管制成,材料为 Q235 钢,其强度许用应力 $[\sigma]=140$ MPa,试校核 *AB* 杆的稳定性。

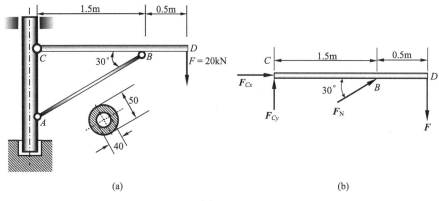

图 9-11

解　求 *AB* 杆所受轴向压力,为此以 *CD* 杆为分离体。

$$\sum M_C = 0, \quad -2F + F_N \times 1.5 \times \sin30° = 0$$

$$F_N = \frac{2F}{1.5 \times 0.5} = 53.3 \text{ kN}$$

AB 杆截面的惯性半径

$$i = \sqrt{\frac{I}{A}} = \frac{1}{4}\sqrt{D^2 + d^2} = \left(\frac{1}{4}\sqrt{50^2 + 40^2}\right) \text{mm} = 16 \text{ mm}$$

AB 杆的柔度

$$\lambda = \frac{\mu l}{i} = \frac{1 \times \dfrac{1500}{\cos30°}}{16} = 108$$

据 $\lambda=108$,查表 9-4 得折减系数

$$\varphi = 0.550$$

计算稳定许用应力

$$[\sigma]_{st} = \varphi[\sigma] = (0.55 \times 140) \text{ MPa} = 77 \text{ MPa}$$

AB 杆工作应力

$$\sigma = \frac{F_N}{A} = \left(\frac{53.3 \times 10^3}{\dfrac{1}{4}\pi \times (50^2 - 40^2) \times 10^{-6}}\right) \text{Pa} = 75.4 \text{ MPa}$$

$$\sigma < [\sigma]_{st}$$

故 AB 杆稳定。

9.6　提高压杆稳定性的措施

要想提高压杆的稳定性,就是要设法提高压杆的临界力(或临界应力)。由式 (9-4)欧拉公式可知,临界应力与材料的弹性模量 E 有关。然而,不同强度的钢材,例如优质钢材与低碳钢,它们的弹性模量相差不大。所以,对于细长杆,选用优质高强度钢材(如高强度合金钢),不但不会有效地提高压杆的稳定性,反而提高了构件的成本,造成浪费。这样看,提高压杆的稳定性,应该尽可能地减小压杆的柔度。

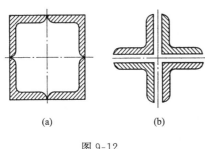

图 9-12

1. 选择合理截面

在不增加压杆横截面面积的前提下,应尽量增大其惯性矩 I(或惯性半径 i)。这样,空心圆环形截面要比实心圆截面合理;由四根角钢焊成的压杆截面,如图 9-12(a) 所示那样放置焊接就比图 9-12(b)所示的放置合理。

如果压杆在过其主轴的两个纵向平面内约束条件相同或相差不大,那么采用圆形或正多边形截面是合理的;若约束条件不同,应采用对两个主形心轴惯性半径不等的截面形状,例如矩形截面或工字形截面,以使压杆在两个纵向平面内有相近的柔度值,这样,在两个相互垂直的主惯性纵向平面内压杆有接近相同的稳定性。

2. 尽量减小压杆的长度

由式(9-5)可知,压杆的柔度与压杆的长度成正比。在结构允许的情况下,应尽可能地减小压杆的长度。

3. 改压杆为拉杆

在可能的情况下,可改变结构布局,将压杆改为拉杆,例如,图 9-13 (a)所示的托架可改成图 9-13(b)的形式。

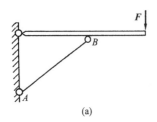
(a)
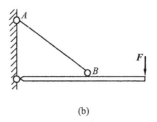
(b)

图 9-13

4. 改善约束条件

压杆的两端固定得越牢，μ 值就越小，那么柔度就越小。图 9-14 为车床溜板部分传动原理图，在对开螺母左侧增设一导管，这样大大加强了溜板丝杆的约束作用，提高了丝杆的稳定性。

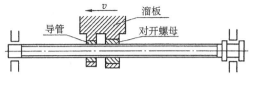

图 9-14

习　　题

9-1　两端为球铰的压杆，其截面如习题 9-1 图所示。试问失稳时，它将在过哪个轴的纵向平面内弯曲？

9-2　习题 9-2 图示均为圆截面压杆，它们的直径 d 和材料均相同。试判断它们的临界力的大小。

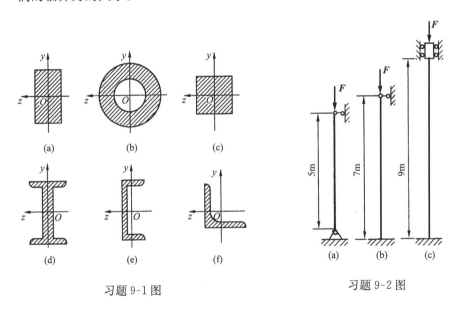

习题 9-1 图　　　　　　　　习题 9-2 图

9-3　一端固定、另一端自由的铸铁杆，其直径 $d=50$ mm，长度 $l=1$ m。若材料的弹性模量 $E=117$ GPa，试按欧拉公式计算其临界力。

9-4　在习题 9-4 图示铰接杆系 ABC 中，AB 和 BC 皆为细长压杆，且截面、材料相同。若因在 ABC 平面内失稳而破坏，并规定 $0<\theta<\pi/2$，试确定 F 为最大值时的 θ 角。

9-5 习题 9-5 图示为矩形截面压杆。当压杆在图纸平面内发生弯曲时,下端为固定,上端可视为弹性转动约束(不能有侧移,转动也稍受限制),此时压杆相当长度可取 $\mu l = 0.6l$。当压杆在垂直图纸平面内弯曲时,可视为下端固定,上端自由。已知 $h = 100$ mm,$l = 3$ m;压力 $F = 1\ 600$ kN;材料 $E = 200$ GPa,$\sigma_p = 200$ MPa,$\sigma_s = 240$ MPa,$a = 310$ MPa,$b = 1.14$ MPa;$[n]_{st} = 3$。试校核其稳定性。

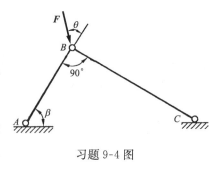

习题 9-4 图

9-6 铸造用砂箱推送机构如习题 9-6 图所示。气缸内压强 $p = 0.6$ MPa,气缸内径 $D_1 = 10$ cm;活塞杆为空心圆管,外径 $D = 5$ cm,内径 $d = 4$ cm,杆长 $l = 2$ m。活塞杆材料为 $Q235$ 钢,$E = 200$ GPa,$\sigma_p = 200$ MPa。若 $[n]_{st} = 4$,试校核活塞杆的稳定性。

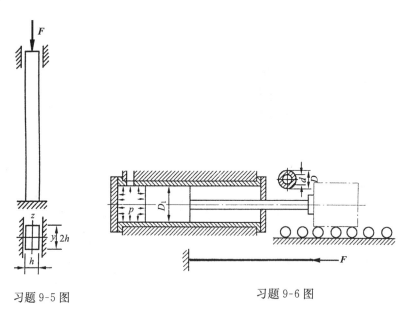

习题 9-5 图   习题 9-6 图

9-7 习题 9-7 图示结构,A 为固定端,B、C 均为铰接。若 AB 和 BC 杆可以各自独立发生弯曲变形(互不影响),两杆材料均为 $Q235$ 钢,$E = 200$ GPa,$\sigma_p = 200$ MPa。同时,已知 $d = 80$ mm,$a = 70$ mm,$l = 3$ m。若 $[n]_{st} = 2.5$,试求该结构的最大许可轴向压力。

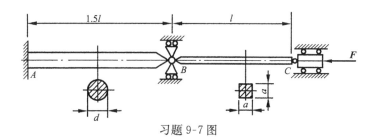

习题 9-7 图

9-8 如习题 9-8 图所示,横梁 CD 由支杆 AB 支承。AB 杆横截面为矩形,尺寸如习题 9-8 图所示;材料为 Q235 钢,$E=200$ GPa,$\sigma_s=235$ MPa。若 $F=10$ kN,$[n]_{st}=6$,试按直线公式校核 AB 支杆的稳定性。

9-9 习题 9-9 图示结构中横梁 AB 为 16 号工字钢,立柱 CD 由两根连成一体的 $63\times63\times5$ 的角钢制成,均布载荷 $q=48$ kN/m,材料为 Q235 钢,$[\sigma]=170$ MPa,$E=210$ GPa。校核此结构是否安全。

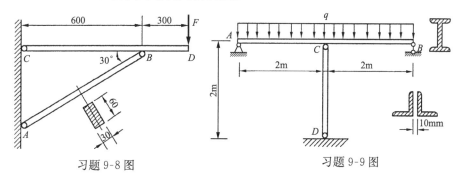

习题 9-8 图

习题 9-9 图

9-10 习题 9-10 图示结构中 CF 为铸铁圆杆,直径 $d_1=100$ mm,$[\sigma_c]=120$ MPa,$E=120$ GPa。BE 为钢圆杆,直径 $d_2=50$ mm,材料 Q235 钢,$[\sigma]=160$ MPa,$E=200$ GPa。若横梁 AD 视为刚性,求载荷 F 的许可值。

9-11 起重机支柱由四根等边角钢制成,横截面形状如习题 9-11 图所示,$a=400$ mm。柱长 $l=8$ m,两端铰支。最大压力 $F=200$kN,材料的许用应力 $[\sigma]=160$ MPa,试选择角钢的型号。

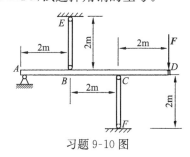

习题 9-10 图

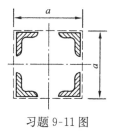

习题 9-11 图

习题参考答案

第 3 章

3-1 (a)图$\sigma_{x'}=35.2$ MPa,$\tau_{x'y'}=-23$ MPa,$\sigma'=70$ MPa,$\sigma''=20$ MPa

　　　$\alpha_{\sigma'}=63.43°,\alpha_{\sigma''}=-26.57°,\tau'=25$ MPa,$\tau''=-25$ MPa,$\alpha_{\tau'}=18.43°,\alpha_{\tau''}=108.43°$

　　(b)图$\sigma_{x'}=-26$ MPa,$\tau_{x'y'}=49.64$ MPa,$\sigma'=30$ MPa,$\sigma''=-70$MPa

　　　$\alpha_{\sigma'}=18.43°,\alpha_{\sigma''}=108.43°,\tau'=50$ MPa,$\tau''=-50$ MPa,$\sigma_{\tau'}=-26.57°,\sigma_{\tau''}=63.43°$

3-2 同 3-1

3-3 (a)图$\sigma_{x'}=20$ MPa,$\tau_{x'y'}=0,\sigma'=\sigma''=20$ MPa,α_σ 为任意方向,$\tau'=\tau''=0$;

　　(b)图$\sigma_{x'}=-20$ MPa,$\tau_{x'y'}=0,\sigma'=\sigma''=-20$ MPa,α_σ 为任意方向,$\tau'=\tau''=0$

3-4 (a)图(1)$\tau=-0.6$ MPa,(2)$\sigma=-3.84$ MPa;(b)图(1)$\tau=1.08$ MPa,(2)$\sigma=-0.625$ MPa

3-6 $\sigma_x=-33.3$ MPa, $\tau_{xy}=57.7$ MPa

3-7 $\sigma_x=37.9$MPa, $\tau_{xy}=-74.2$ MPa

3-8 (a)图 $\sigma_{x'}=0.98$ MPa,$\tau_{x'y'}=40.98$ MPa;(b)图$\sigma_{x'}=14.64$ MPa,$\tau_{x'y'}=14.64$ MPa;

　　(c)图 $\sigma_{x'}=25$ MPa,$\tau_{x'y'}=15$ MPa

3-9 (a)图 $\sigma_1=140$MPa,$\sigma_2=120$ MPa,$\sigma_3=-120$ MPa,$\tau_{max}=130$ MPa;

　　(b)图 $\sigma_1=52.2$MPa,$\sigma_2=50$MPa,$\sigma_3=-42.2$ MPa,$\tau_{max}=47.2$ MPa;

　　(c)图 $\sigma_1=130$MPa,$\sigma_2=30$MPa,$\sigma_3=-30$MPa,$\tau_{max}=80$ MPa

3-10 $\varepsilon'=0.21\times10^{-4},\varepsilon''=-0.51\times10^{-4},\alpha_{\varepsilon'}=82.03°,\alpha_{\varepsilon''}=-7.97°$

3-11 $\varepsilon'=1.4\times10^{-3},\varepsilon''=-0.6\times10^{-3},\gamma_{max}=2\times10^{-3}$

3-12 $\gamma_{xy}=\pm2.4\times10^{-3},\varepsilon''=-1.6\times10^{-3},\gamma_{max}=2.6\times10^{-3}$

3-13 $\varepsilon_y=0.25\times10^{-3},\gamma_{xy}=\pm1.52\times10^{-3},\varepsilon''=-0.3\times10^{-3}$

3-14 $\varepsilon_x=2.866\times10^{-3},\varepsilon_y=1.134\times10^{-3},\varepsilon''=1\times10^{-3},\gamma_{max}=2\times10^{-3}$

3-15 $\varepsilon'=1133.7\times10^{-6},\varepsilon''=-310.4\times10^{-6},\gamma_{max}=1444.1\times10^{-6}$

3-16 $\varepsilon'=420\times10^{-6},\varepsilon''=-100\times10^{-6},\gamma_{max}=520\times10^{-6}$

第 4 章

4-1 $\nu=0.32,E=208$ GPa

4-2 $\varepsilon=5\times10^{-4},\sigma=100$ MPa,$F=7.85$ kN

4-3 $F=20$ kN

4-4 $\sigma_1=53.8$ MPa,$\sigma_3=-26.3$ MPa

4-5 (a)图 $\theta=0.1\times10^{-3},u=22.5\times10^3$ J/m^3,$u_f=21.7\times10^3$ J/m^3;

　　(b)图 $\theta=2\times10^{-3},u=15.2\times10^3$ J/m^3,$u_f=11.9\times10^3$ J/m^3;

　　(c)图 $\theta=0.26\times10^{-3},u=48.1\times10^3$ J/m^3,$u_f=42.5\times10^3$ J/m^3

4-8　　$\sigma_1=0, \sigma_2=-19.8\ \text{MPa}, \sigma_3=-60\ \text{MPa}$

第 5 章

5-1　　$\sigma_{t_{max}}=16.7\ \text{MPa}, \sigma_{c_{max}}=20\ \text{MPa}$

5-2　　$F=25.12\ \text{kN}$

5-4　　$(1)\tau_{max}=51.3\ \text{MPa}, \tau_{min}=48.4\ \text{MPa}; (2) d_{实}=53\ \text{mm}, \dfrac{A_{空}}{A_{实}}=0.311$

5-5　　$(1)G=81.5\ \text{GPa}; (2)\tau_{max}=76.4\ \text{MPa}; (3)\gamma=0.937\times10^{-3}\ \text{rad}$

5-6　　$m_1/m_2=7$

5-8　　$\sigma_{max}=\dfrac{Ed}{D+d}$

5-9　　$\sigma_{实_{max}}=159\ \text{MPa}, \sigma_{空_{max}}=93.6\ \text{MPa}, 减少 41\%$

5-10　　B 截面 $\sigma_t=94.1\ \text{MPa}, C$ 截面 $\sigma_t=173.9\ \text{MPa}, \sigma_{max}=173.9\ \text{MPa}$

5-11　　$\sigma_{max}=194\ \text{MPa}, \tau_{max}=48.3\ \text{MPa}, \tau_{缝_{max}}=33.3\ \text{MPa}$

5-12　　A 点 $:\sigma_1=16.67\ \text{MPa}, \sigma_2=0, \sigma_3=-16.67\ \text{MPa}$

　　　　　B 点 $:\sigma_1=0.93\ \text{MPa}, \sigma_2=0, \sigma_3=-167.6\ \text{MPa}$

　　　　　C 点 $:\sigma_1=\sigma_2=0, \sigma_3=-666.67\ \text{MPa}; D$ 点 $:$ 同 C 点 $;E$ 点 $:\sigma_1=\sigma_2=\sigma_3=0$

5-14　　$F=15\ \text{kN}$

5-15　　$\sigma_s=89.7\ \text{MPa}, \sigma_W=3.92\ \text{MPa}$

5-16　　$\sigma_s=65\ \text{MPa}, \sigma_W=8.6\ \text{MPa}$

第 6 章

6-1　　$u_B=\dfrac{Fl}{3EA}$

6-2　　$u_C=2.95\ \text{mm}, u_D=5.29\ \text{mm}$

6-3　　$\phi_{AD}=1.13\times10^{-4}\ \text{rad}=0.65°$

6-4　　$\phi_B=\dfrac{16\ ml^2}{G\pi d^4}$

6-7　　(a)图 $\theta_B=-\dfrac{q_0 l^3}{24EI_z}, v_B=-\dfrac{q_0 l^4}{30EI_z}$; (b)图 $\theta_B=-\dfrac{13ql^3}{48EI_z}, v_B=-\dfrac{71ql^4}{384EI_z}$;

　　　　　(c)图 $\theta_B=-\dfrac{9Fl^2}{8EI_z}, v_B=-\dfrac{29FL^3}{48EI_z}$; (d)图 $\theta_B=-\dfrac{ql^3}{48EI_z}, v_B=-\dfrac{ql^4}{128EI_z}$

6-8　　(a)图 $v_A=-\dfrac{5qa^4}{24EI_z}, \theta_B=-\dfrac{qa^3}{12EI_z}$; (b)图 $v_A=-\dfrac{27ql^4}{128EI_z}, \theta_B=\dfrac{13ql^3}{48EI_z}$;

　　　　　(c)图 $v_A=\dfrac{ql^4}{16EI_z}, \theta_B=\dfrac{ql^3}{12EI_z}$

6-9　　$a=\dfrac{2l}{3}$

6-10　　$v(x)=\dfrac{Fx^3}{3EI_z}$

6-11 $\sigma_{tmax}=\dfrac{2F}{3A},\sigma_{cmax}=\dfrac{F}{3A}$

6-12 $F_{N_1}=22.6\ \mathrm{kN},F_{N_2}=26.1\ \mathrm{kN},F_{N_3}=146.9\ \mathrm{kN}$

6-13   支柱 1、3 的 $\sigma=8\mathrm{MPa}$,支柱 2 的 $\sigma=2\ \mathrm{MPa}$

6-14 $M_A=M_D=\dfrac{1}{3}M_e,\tau_{max}=59.38\mathrm{MPa}$

6-15 $\tau_{管}=22.3\ \mathrm{MPa},\tau_{杆}=6.5\ \mathrm{MPa}$

6-16   (a)图 $F_A=\dfrac{7}{4}F(\uparrow),F_B=\dfrac{3}{4}F(\downarrow),M_{eB}=\dfrac{1}{4}Fl(\uparrow)$;

       (b)图 $F_A=\dfrac{3}{8}ql(\uparrow),F_B=\dfrac{5}{4}ql(\uparrow),F_C=\dfrac{3}{8}ql(\uparrow)$;

       (c)图 $F_A=F_B=F(\uparrow),M_{eA}=M_{eB}=\dfrac{3}{4}Fa$;(d)图 $F_A=\dfrac{M_e}{2l}(\downarrow),F_B=0,F_C=\dfrac{M_e}{2l}(\uparrow)$

第 7 章

7-1   (a)、(b)图 $\sigma_{r_3}=100\ \mathrm{MPa},\sigma_{r_4}=95.4\ \mathrm{MPa}$;(c)、(d)图 $\sigma_{r_3}=110\ \mathrm{MPa},\sigma_{r_4}=95.4\ \mathrm{MPa}$

7-2   (a)图 $\sigma_{r_3}=140\ \mathrm{MPa},\sigma_{r_4}=124.9\ \mathrm{MPa},\sigma_m=40\ \mathrm{MPa}$;

      (b)图 $\sigma_{r_3}=140\ \mathrm{MPa},\sigma_{r_4}=124.9\ \mathrm{MPa},\sigma_m=20\ \mathrm{MPa}$;

      (c)图 $\sigma_{r_3}=140\ \mathrm{MPa},\sigma_{r_4}=124.9\ \mathrm{MPa},\sigma_m=0$

7-5 $\sigma_{r_2}=27.4\ \mathrm{MPa}<[\sigma_t]$

7-6 $\sigma_{r_3}=900\ \mathrm{MPa},\sigma_{r_4}=842.6\ \mathrm{MPa}$

7-7 $\sigma_{r_3}=150\mathrm{MPa}=[\sigma],\sigma_{r_4}=131\ \mathrm{MPa}<[\sigma]$,安全

第 8 章

8-1 $\sigma_{AB}=-47.4\ \mathrm{MPa}<[\sigma],\sigma_{BC}=103.5\ \mathrm{MPa}<[\sigma],\sigma_{BD}=200\mathrm{MPa}>[\sigma]$,不安全

8-2 $\sigma_{AC}=106.2\ \mathrm{MPa}<[\sigma]_{st},\sigma_{BC}=60\ \mathrm{MPa}=[\sigma]_{st}$,安全

8-3   (1)$n=199$ 根;(2)3.6 号钢($36\times36\times5$)

8-4 $[F_{AC}]=61.8\ \mathrm{kN},[F_{BC}]=41\ \mathrm{kN}$,所以$[F]=41\ \mathrm{kN}$

8-5 $d=34\ \mathrm{mm},\delta=10.4\ \mathrm{mm}$

8-6 $\tau=88.5\ \mathrm{MPa}<[\tau]$,安全

8-7 $[F]=384\ \mathrm{kN}$

8-8 $\tau=84\ \mathrm{MPa}<[\tau],\sigma_{bs}=198\ \mathrm{MPa}<[\sigma_{bs}],\sigma_{max}=152\ \mathrm{MPa}<[\sigma]$,安全

8-9   (a)图 $\sigma_{max}=133.3\ \mathrm{MPa}>[\sigma]$,不安全;(b)、(c)图 $\sigma_{max}=100\ \mathrm{MPa}<[\sigma]$,安全

8-10   (1)$h=75\ \mathrm{mm}$;(2)$\sigma_A=40\ \mathrm{MPa}$

8-11 $\bar{y}=153.6\ \mathrm{mm},C^+:\sigma_t=60.4\ \mathrm{MPa}>[\sigma_t],\sigma_c=37.9\ \mathrm{MPa}<[\sigma_c]$,

       $C^-:\sigma_c=45.3\ \mathrm{MPa}<[\sigma_c]$,不安全

8-12 $\sigma_{max}=6.67\ \mathrm{MPa}<[\sigma],\tau_{max}=1\ \mathrm{MPa}<[\tau]$

8-13 $a=2.12\ \mathrm{m},q=25\ \mathrm{kN/m}$

8-14   28a 号(或 25b 号)

8-15 $h/b=\sqrt{2}$, $d=227$ mm

8-16 $b=161.3$ mm, $h=242$ mm

8-17 $b=510$ mm

8-18 $F=907$ kN

8-19 $b_1=41.7$ mm, $h_1=125$ mm; $b_2=40$ mm, $h_2=120$ mm

8-20 C 截面 $\sigma_{max}=12$ MPa, D 截面 $\sigma_{max}=12$ MPa

8-21 $\alpha=11.2°$

8-22   32b 号

8-23   (1) 2 m $\leqslant a \leqslant 2.667$ m; (2) 50a 号

8-24   (1) $[q]=15.68$ kN/m; (2) $d=16.8$ mm

8-25 $I_z=2.126\times10^{-3}$ m^4, 最大正应力所在点 $\sigma=158$ MPa $<[\sigma]$,
最大剪应力所在点 $\sigma_{r_4}=127$ MPa $<[\sigma]$, 腹板和翼缘交界处 $\sigma_{r_4}=141.6$ MPa $<[\sigma]$

8-26 $v_C=0.0246$ mm $<[v]$, 安全

8-27 $d\geqslant112$ mm

8-28 $v_{max}=12$ mm $<[v]=17.5$ mm, 安全

8-29   22a 号

8-30 $d\geqslant31.7$ mm, $d\geqslant30.8$ mm

8-31 $d\geqslant51.8$ mm

8-32 $\sigma_{r3}=58.3<[\sigma]$, 安全

8-33   (1) $d=48$ mm; (2) $d=49.3$ mm

8-34 $d\geqslant69.5$ mm

第 9 章

9-3 $F_{cr}=88.6$ kN

9-4 $\theta=\arctan(\cot^2\beta)$

9-5 $n_{st}=2.28<[n]_{st}$, 不稳定

9-6 $n_{st}=4.74>[n]_{st}$, 稳定

9-7 $[F]=160$ kN

9-8 $n_{st}=12.8\gg[n]_{st}$

9-9 CD 杆: $F_{N_{CD}}=118$ kN, $\sigma_{CD}=96$ MPa, $\lambda_{CD}=103$, $[\sigma]_{st}=\varphi[\sigma]=99.3$, $\sigma_{CD}<[\sigma]_{st}$, 稳定;
AB 梁: $\sigma_{max}=158.65$ MPa $<[\sigma]$, 安全

9-10 $[F]=180$ kN

9-11   4.5 号角钢 $(45\times45\times4)$

参考文献

刘鸿文,2011.材料力学(I、II册). 5 版.北京:高等教育出版社

单辉祖,2009.材料力学(I、II册).北京:高等教育出版社

孙训方,2009. 材料力学(I、II册). 5 版.北京:高等教育出版社

王春香,2001.材料力学(中、小学时).哈尔滨:哈尔滨工业大学出版社

张少实,2009. 新编材料力学. 2 版.北京:机械工业出版社

赵九江,张少实,王春香,1997. 材料力学 . 哈尔滨:哈尔滨工业大学出版社

Beer Johnston,1985. Mechannics of Materials. 2nd ed. New York:Mc Craw-Hill

FERDINAND P B, et al,材料力学(翻译版. 原书第 6 版). 陶秋帆,范钦珊,译. 北京:机械工业出版社

附录 A　截面的几何性质

本附录对静矩、极惯性矩、惯性矩及惯性积等常用截面几何量的定义、性质与计算方法等进行讨论。

A.1　静矩与形心

在图 A-1 中,设某已知截面图形的面积为 A,yOz 为任意选定的直角坐标系,并定义用 S_y 及 S_z 表示的以下两个积分

$$\begin{cases} S_y = \int_A z \ \mathrm{d}A \\ S_z = \int_A y \ \mathrm{d}A \end{cases} \tag{A-1}$$

分别称为截面图形对 y 轴与 z 轴的**静矩**。上两式中的积分都是对截面图形的整个面积 A 进行的。

由定义式(A-1)可见,随着所选取的坐标轴 y、z 位置的不同,静矩 S_y 及 S_z 之值可为正、为负或为零。静矩的量纲为[长度]^3,常用单位为 mm^3 或 cm^3。

将静矩 S_y 及 S_z 分别除以截面图形的面积 A,得

$$\begin{cases} \bar{y} = \dfrac{S_z}{A} \\ \bar{z} = \dfrac{S_y}{A} \end{cases} \tag{A-2}$$

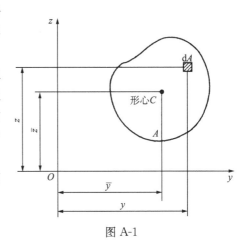

图 A-1

式 A-2 中,坐标 $\bar{y}$ 及 $\bar{z}$ 所确定的点 $C(\bar{y},\bar{z})$,称为截面图形的**形心**(图 A-1)。

由式(A-1)及式(A-2)可见,静矩与形心的计算与静力学中计算力矩与重心时的数学形式完全相同。如果把所讨论的截面比作是等厚均质薄板,则面积元素将与该处的重力成比例,因而对所选定坐标的静矩也与薄板对该轴的重力矩成比例,所以截面图形形心的位置与薄板重心的位置是相互重合的。因此,对于简单图形

可根据已知的几何学上的重心,可直接判定其形心位置。

当截面的形心位置已知时,可由形心坐标与面积的乘积求得静矩,即

$$\begin{cases} S_y = \bar{z}A \\ S_z = \bar{y}A \end{cases} \tag{A-3}$$

在图形平面内过形心的轴线称为**形心轴**。由式(A-3)可见,**截面图形对形心轴的静矩必为零**。相反,**若截面图形对某一坐标轴的静矩为零,则该坐标轴必通过截面的形心,即必为形心轴。**

对于由简单图形组合而成的截面图形进行静矩计算时,可先分别计算各简单图形对所选定坐标轴的静矩,然后求其代数和。组合图形的形心位置可按下式计算:

$$\begin{cases} \bar{y} = \dfrac{S_z}{A} = \dfrac{\sum\limits_{i=1}^{n} \bar{y}_i A_i}{\sum\limits_{i=1}^{n} A_i} \\[4mm] \bar{z} = \dfrac{S_y}{A} = \dfrac{\sum\limits_{i=1}^{n} \bar{z}_i A_i}{\sum\limits_{i=1}^{n} A_i} \end{cases} \tag{A-4}$$

式中,$\bar{y}_i$、$\bar{z}_i$ 及 A_i 分别表示各简单图形的形心坐标及面积。

例 A-1 试确定图 A-2 所示截面图形的形心位置。

解法一 将截面图形分为 I、II 两个矩形。取 y、z 轴分别与截面图形底边及右边的边缘线重合(图 A-2)。两个矩形的形心坐标及面积分别为

矩形 I

$$\bar{y}_1 = -60 \text{ mm}, \quad \bar{z}_1 = 5 \text{ mm}$$

$$A_1 = 10 \text{ mm} \times 120 \text{ mm} = 1200 \text{ mm}^2$$

矩形 II

$$\bar{y}_2 = -5 \text{ mm}, \quad \bar{z}_2 = 45 \text{ mm}$$

$$A_2 = 10 \text{ mm} \times 70 \text{ mm} = 700 \text{ mm}^2$$

由式(A-4),得形心 C 点的坐标 $(\bar{y}, \bar{z})$ 为

$$\bar{y} = \frac{\bar{y}_1 A_1 + \bar{y}_2 A_2}{A_1 + A_2} = \left(\frac{-60 \times 1200 + (-5) \times 700}{1200 + 700} \right) \text{mm} = -39.7 \text{ mm}$$

$$\bar{z} = \frac{\bar{z}_1 A_1 + \bar{z}_2 A_2}{A_1 + A_2} = \left(\frac{5 \times 1200 + 45 \times 700}{1200 + 700} \right) \text{mm} = 19.7 \text{mm}$$

形心 $C(\bar{y}, \bar{z})$ 的位置,如图 A-2 所示。

解法二 本例题的图形也可看做是从矩形 OABC 中减去矩形 BDEF 而成的

（图 A-3）。点 C_1 是矩形 $OABC$ 的形心，点 C_2 是矩形 $BDEF$ 的形心。

$$\bar{y}_1 = -60 \text{ mm}, \quad \bar{z}_1 = 40 \text{ mm}$$

$$A_1 = 80 \times 120 = 9600 \text{ mm}^2$$

$$\bar{y}_2 = -65 \text{ mm}, \quad \bar{z}_2 = 45 \text{ mm}$$

$$A_2 = 70 \text{ mm} \times 110 \text{ mm} = 7700 \text{ mm}^2$$

$$\bar{y} = \frac{S_z}{A} = \frac{\bar{y}_1 A_1 - \bar{y}_2 A_2}{A_1 - A_2} = \left(\frac{-60 \times 9600 - (-65) \times 7700}{9600 - 7700} \right) \text{mm} = -39.7 \text{ mm}$$

$$\bar{z} = \frac{S_y}{A} = \frac{\bar{z}_1 A_1 - \bar{z}_2 A_2}{A_1 - A_2} = \left(\frac{40 \times 9600 - 45 \times 7700}{9600 - 7700} \right) \text{mm} = 19.7 \text{ mm}$$

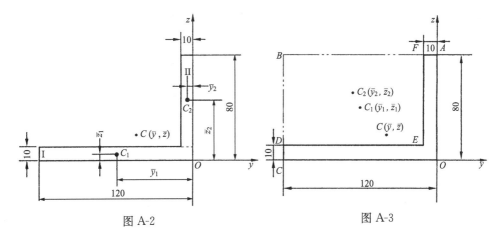

图 A-2　　　　　　　　　　图 A-3

A.2　惯性矩　极惯性矩　惯性积　惯性半径

对截面图形，定义用 I_y 及 I_z 表示的如下积分：

$$\begin{cases} I_y = \int_A z^2 \, \mathrm{d}A \\ I_z = \int_A y^2 \, \mathrm{d}A \end{cases} \tag{A-5}$$

分别称为截面图形对 y 轴及 z 轴的**惯性矩**。上述积分对整个图形面积 A 进行。

对截面图形，定义用 I_p 表示的如下积分：

$$I_\mathrm{p} = \int_A \rho^2 \, \mathrm{d}A \tag{A-6}$$

称为截面图形对任意点的**极惯性矩**。式中，ρ 为微面积 $\mathrm{d}A$ 到求极惯性矩那个点的距离。如果求截面图形对坐标原点 O 的极惯性矩，由图 A-4 可知

$$I_p = \int_A \rho^2 \, \mathrm{d}A = \int_A (y^2 + z^2) \, \mathrm{d}A = I_z + I_y \tag{A-6$'$}$$

上式表明,在直角坐标系 yOz 中,截面图形对于 y 轴及 z 轴的惯性矩之和,等于图形对于坐标原点的极惯性矩。

定义用 I_{yz} 表示的如下积分:

$$I_{yz} = \int_A yz \, \mathrm{d}A \tag{A-7}$$

称为截面图形对于 z 轴及 y 轴的**惯性积**。

惯性矩、极惯性矩和惯性积的量纲为[长度]^4,常用单位为 mm^4 和 cm^4。

由式(A-7)可知,**当 y、z 轴之一为截面图形的对称轴时,截面图形的惯性积必为零**。随截面图形与坐标轴相对位置不同惯性积之值可正、可负、也可为零,但惯性矩、极惯性矩恒为正值。

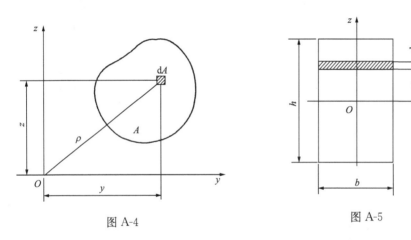

图 A-4　　　　　　　　　　　　　图 A-5

例 A-2　试计算图 A-5 所示矩形截面对于过其形心的 y 轴及 z 轴的惯性矩。

解　取面积元素 $\mathrm{d}A = b\mathrm{d}z$(图 A-5),由式(A-5)的第一式,得

$$I_y = \int_A z^2 \mathrm{d}A = \int_{-\frac{h}{2}}^{\frac{h}{2}} z^2 b \mathrm{d}z = \frac{bh^3}{12}$$

同理可得

$$I_z = \frac{hb^3}{12}$$

例 A-3　计算图 A-6(a)(b)所示实心圆和空心圆截面对于形心 O 的极惯性矩及对 y、z 轴的惯性矩。

解　对于图 A-6(a)所示的实心圆截面,取图示圆环作为微面积 $\mathrm{d}A$。其极惯性矩

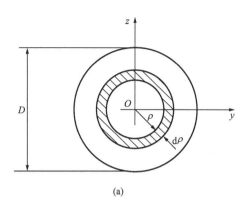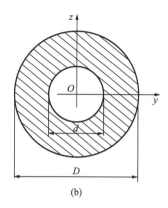

图 A-6

$$I_p = \int_A \rho^2 \mathrm{d}A = \int_0^{\frac{D}{2}} \rho^2 \cdot 2\pi\rho\mathrm{d}\rho = 2\pi\int_0^{\frac{D}{2}} \rho^3\,\mathrm{d}\rho = \frac{\pi D^4}{32}$$

由于图形的对称性　　　　　　　　　　　$I_y = I_z$

再根据式(A-6$'$),得惯性矩　　　$I_y = I_z = \dfrac{I_p}{2} = \dfrac{\pi D^4}{64}$

同理,对于图 A-6(b)所示的空心圆截面,极惯性矩和惯性矩分别为

$$I_p = \frac{\pi}{32}(D^4 - d^4) = \frac{\pi D^4}{32}(1 - \alpha^4)$$

$$I_y = I_z = \frac{I_p}{2} = \frac{\pi D^4}{64}(1 - \alpha^4)$$

式中,$\alpha = \dfrac{d}{D}$。

以上两例中的 y、z 轴均为截面图形的对称轴,故惯性积 I_{yz} 均为零。

例 A-4　求图 A-7 所示直角三角形对两直角边 OA 及 OB 的惯性矩 I_y、I_z 及惯性积 I_{yz}。

解　首先求对 OA 边的惯性矩 I_y。取面积元素

$$\mathrm{d}A = e\mathrm{d}z = \frac{b}{h}(h - z)\mathrm{d}z$$

由定义式(A-5),得

$$I_y = \int_A z^2 \mathrm{d}A = \int_0^h z^2 \frac{b}{h}(h - z)\mathrm{d}z = \frac{bh^3}{12}$$

同理得对 OB 边的惯性矩 I_z 为

$$I_z = \int_A y^2 \mathrm{d}A = \frac{hb^3}{12}$$

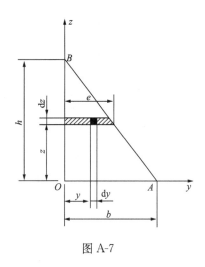

图 A-7

其次,求对两直角边的惯性积 I_{yz}。取面积元素 $dA = dz\,dy$,如图 A-7 所示。据定义有

$$I_{yz} = \int_A yz\,dA = \int_0^h \int_0^e yz\,dy\,dz = \int_0^h z\,\frac{e^2}{2}\,dz$$

$$= \int_0^h z\,\frac{1}{2}\Big[\frac{b}{h}(h-z)\Big]^2 dz = \frac{b^2 h^2}{24}$$

工程上为方便起见,有时将惯性矩表示为截面图形的面积 A 与某一长度平方的乘积,即

$$\begin{cases} I_y = i_y^2 A \\ I_z = i_z^2 A \end{cases} \tag{A-8}$$

或改写为

$$\begin{cases} i_y = \sqrt{\dfrac{I_y}{A}} \\ i_z = \sqrt{\dfrac{I_z}{A}} \end{cases} \tag{A-9}$$

式中,i_y 及 i_z 分别称为截面图形对于 y 轴及 z 轴的**惯性半径**。惯性半径的量纲为[长度],常用单位为 mm 和 cm 。

A.3 平行移轴公式

截面图形对于形心轴及与形心轴相平行的坐标轴的惯性矩之间存在着简单的代数关系式,本节将导出这种关系式。

在图 A-8 中,设已知截面图形的面积为 A,截面形心 C 在任一坐标系 yOz 上

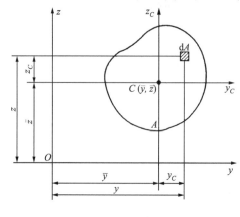

图 A-8

的坐标为 $(\bar{y},\bar{z})$、y_C、z_C 轴为截面图形的形心轴并分别与 y、z 轴相平行。现在讨论截面图形对于形心轴的惯性矩 I_{y_C}、I_{z_C} 及惯性积 $I_{y_C z_C}$ 与对于 y、z 轴的惯性矩 I_y、I_z 及惯性积 I_{yz} 之间的关系。

取面积元素 dA，其在两坐标系上的坐标分别为 y、z 及 y_C、z_C，由图可见

$$y = y_C + \bar{y}$$

$$z = z_C + \bar{z}$$

据惯性矩及惯性积的定义并利用上式，得

$$I_y = \int_A z^2 dA = \int_A (z_C + \bar{z})^2 dA = \int_A z_C^2 dA + 2\bar{z}\int_A z_C dA + \bar{z}^2 \int_A dA$$

$$I_z = \int_A y^2 dA = \int_A (y_C + \bar{y})^2 dA = \int_A y_C^2 dA + 2\bar{y}\int_A y_C dA + \bar{y}^2 \int_A dA$$

$$I_{yz} = \int_A yz dA = \int_A (y_C + \bar{y})(z_C + \bar{z}) dA$$

$$= \int_A y_C z_C dA + \bar{z}\int_A y_C dA + \bar{y}\int_A z_C dA + \bar{y}\,\bar{z}\int_A dA$$

式中，$\int_A z_C dA$ 及 $\int_A y_C dA$ 为图形对形心轴 y_C 及 z_C 的静矩，为零，而 $\int_A z_C^2 dA$、$\int_A y_C^2 dA$ 及 $\int_A y_C z_C dA$ 分别为图形对形心轴 y_C、z_C 的惯性矩及惯性积，故以上三式化为

$$\begin{cases} I_y = I_{y_C} + \bar{z}^2 A \\ I_z = I_{z_C} + \bar{y}^2 A \\ I_{yz} = I_{y_C z_C} + \bar{y}\,\bar{z}A \end{cases} \qquad (A\text{-}10)$$

上式即为**平行移轴公式**。由式（A-10）可见，$\bar{y}^2 A$ 及 $\bar{z}^2 A$ 项恒为正值，故在图形对于一切相互平行的轴的惯性矩之中，对于形心轴的惯性矩，其值最小。但式（A-10）第三式中的 $\bar{y}\bar{z}$ 项，当坐标 $\bar{y}$、$\bar{z}$ 符号相反时为负值，计算时需加以注意。

例 A-5　求图 A-9 所示矩形对 y、z 轴的惯性矩和惯性积。

解　矩形对形心轴 y_C、z_C 的惯性矩和惯性积由例 A-2 知

$$I_{y_C} = \left(\frac{11 \times 4^3}{12}\right) mm^4 = 58.67 mm^4$$

$$I_{z_C} = \left(\frac{4 \times 11^3}{12}\right) mm^4 = 443.7\ mm^4$$

$$I_{y_C z_C} = 0$$

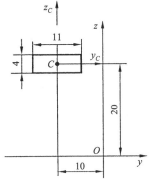

图 A-9

利用式(A-10),由 $\bar{y}=-10$ mm,$\bar{z}=20$ mm,$A=11$ mm$\times 4$ mm$=44$ mm^2,得

$$I_y = I_{y_C} + \bar{z}^2 A = (58.67 + 20^2 \times 44) \text{ mm}^4 = 17659 \text{ mm}^4$$

$$I_z = I_{z_C} + \bar{y}^2 A = [433.7 + (-10)^2 \times 44] \text{mm}^4 = 4833 \text{ mm}^4$$

$$I_{yz} = I_{y_C z_C} + \bar{y}\,\bar{z}A = [0 + (-10) \times 20 \times 44] \text{mm}^4 = -8800 \text{ mm}^4$$

A. 4　转 轴 公 式

当坐标轴绕原点旋转时,截面图形对于具有不同转角的各坐标轴的惯性矩或惯性积之间也存在着确定的关系。下面导出这种关系式。

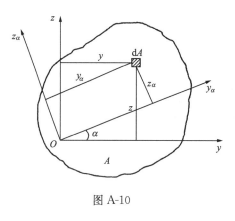

图 A-10

设在图 A-10 中,截面图形对于通过其上任意点 O 的 y、z 轴的惯性矩 I_y、I_z 及惯性积 I_{yz} 均为已知,y、z 轴绕点 O 转动 α 角(反时针转向为正角)后的坐标用 y_α、z_α 表示。现在讨论截面图形对 y_α、z_α 轴的惯性矩 I_{y_α}、I_{z_α} 及惯性积 $I_{y_\alpha z_\alpha}$ 与已知的 I_y、I_z 及 I_{yz} 之间的关系。

在截面图形中任取一面积元素 $\mathrm{d}A$,其在 yOz 及 $y_\alpha O z_\alpha$ 两坐标系上的坐标分别为 (y,z) 及 (y_α, z_α)。由图 A-10 中的几何关系可得

$$\begin{cases} y_\alpha = y\cos\alpha + z\sin\alpha \\ z_\alpha = z\cos\alpha - y\sin\alpha \end{cases} \tag{a}$$

据定义,截面图形对 y_α 轴的惯性矩为

$$I_{y_\alpha} = \int_A z_\alpha^2 \mathrm{d}A = \int_A (z\cos\alpha - y\sin\alpha)^2 \mathrm{d}A$$

$$= \cos^2\alpha \int_A z^2 \mathrm{d}A + \sin^2\alpha \int_A y^2 \mathrm{d}A - 2\sin\alpha\cos\alpha \int_A yz \mathrm{d}A \tag{b}$$

注意等号右侧三项中的积分分别为

$$\int_A z^2 \mathrm{d}A = I_y, \qquad \int_A y^2 \mathrm{d}A = I_z, \qquad \int_A yz \mathrm{d}A = I_{yz}$$

将以上三式代入式(b),并利用倍角三角函数改写后得(同理,可推出 I_{z_α} 与 $I_{y_\alpha z_\alpha}$,一并列出)

$$\begin{cases} I_{y_\alpha} = \dfrac{I_y + I_z}{2} + \dfrac{I_y - I_z}{2} \cos 2\alpha - I_{yz} \sin 2\alpha \\[3mm] I_{z_\alpha} = \dfrac{I_y + I_z}{2} - \dfrac{I_y - I_z}{2} \cos 2\alpha + I_{yz} \sin 2\alpha \\[3mm] I_{y_\alpha z_\alpha} = \dfrac{I_y - I_z}{2} \sin 2\alpha + I_{yz} \cos 2\alpha \end{cases} \tag{A-11}$$

上式即为惯性矩及惯性积的**转轴公式**。由转轴公式可见,当坐标轴旋转时,惯性矩 I_{y_α}、I_{z_α} 及惯性积 $I_{y_\alpha z_\alpha}$ 随转角 α 做周期性的变化。

将式(A-11)第一、二两式相加,得

$$I_{y_\alpha} + I_{z_\alpha} = I_y + I_z \tag{A-12}$$

上式表明,当 α 角改变时,截面图形对于互相垂直的一对坐标轴的惯性矩之和始终保持为一常量。由式(A-6)可见,这一常量就是截面图形对于坐标原点的极惯性矩 I_p。

例 A-6　求矩形对 y_{α_0}、z_{α_0} 轴的惯性矩和惯性积,形心在原点 O(图 A-11)。

解　矩形对 y、z 轴的惯性矩和惯性积分别为

$$I_y = \frac{ab^3}{12}$$

$$I_z = \frac{ba^3}{12}$$

$$I_{yz} = 0$$

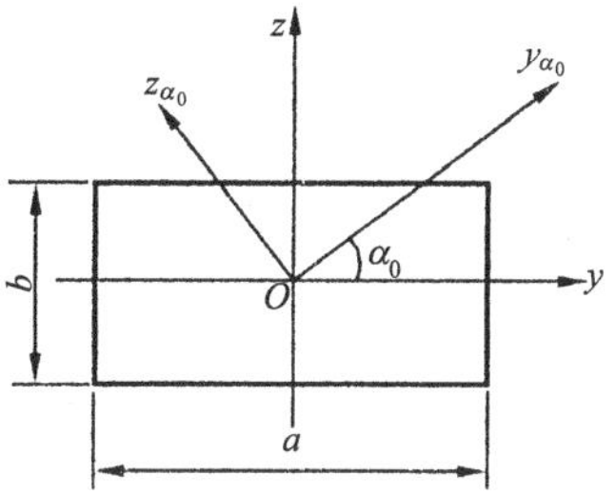

图 A-11

由转轴公式(A-11),得

$$\begin{aligned} I_{y_{\alpha_0}} &= \frac{I_y + I_z}{2} + \frac{I_y - I_z}{2} \cos 2\alpha_0 - I_{yz} \sin 2\alpha_0 \\[2mm] &= \frac{\dfrac{ab^3}{12} + \dfrac{ba^3}{12}}{2} + \frac{\dfrac{ab^3}{12} - \dfrac{ba^3}{12}}{2} \cos 2\alpha_0 - 0 \cdot \sin 2\alpha_0 \\[2mm] &= \frac{ab(b^2 + a^2)}{24} + \frac{ab(b^2 - a^2)}{24} \cos 2\alpha_0 \end{aligned}$$

$$I_{z_{\alpha_0}} = \frac{I_y + I_z}{2} - \frac{I_y - I_z}{2} \cos 2\alpha_0 + I_{yz} \sin 2\alpha_0 = \frac{ab(b^2 + a^2)}{24} - \frac{ab(b^2 - a^2)}{24} \cos 2\alpha_0$$

$$\begin{aligned} I_{y_{\alpha_0} z_{\alpha_0}} &= \frac{I_y - I_z}{2} \sin 2\alpha_0 + I_{yz} \cos 2\alpha_0 = \frac{\dfrac{ab^3}{12} - \dfrac{ba^3}{12}}{2} \sin 2\alpha_0 - 0 \cdot \cos 2\alpha_0 \\[2mm] &= \frac{ab(b^2 - a^2)}{24} \sin 2\alpha_0 \end{aligned}$$

从本例的结果可知,当这个矩形变为正方形时,即在 $a = b$ 时,惯性矩与角 α_0

无关,其值为常量,其惯性积为零。这个结果可推广到一般的正多边形,即正多边形对形心轴的惯性矩的数值为常量,与形心轴的方向无关,并且对以形心为原点的坐标轴的惯性积为零。

A.5　主轴　主惯性矩　形心主轴　形心主惯性矩

前已述及,当坐标轴绕原点旋转,α 角改变时,I_{y_α} 及 I_{z_α} 也相应随之变化,但其和不变。因此,当 I_{y_α} 变至极大值时,I_{z_α} 必达极小值。

将式(A-11)第一式对 α 求导数,令其为零,并用 α_0 表示 I_{y_α} 及 I_{z_α} 有极值时的 α 角,得

$$\tan 2\alpha_0 = -\frac{2I_{yz}}{I_y - I_z} \tag{A-13}$$

满足上式的 α_0 有两个值,即 α_0 和 $\alpha_0 + 90°$。它们分别对应着惯性矩取极大值及极小值的两个坐标的位置。由式(A-11)第三式容易看出,图形对于这样两个轴的惯性积为零。

惯性矩有极值,惯性积为零的轴,称为**主轴**,对主轴的惯性矩称**主惯性矩**,把式(A-13)用余弦函数及正弦函数表示,即

$$\cos 2\alpha_0 = \frac{1}{\sqrt{1 + \tan^2\alpha_0}}, \quad \sin 2\alpha_0 = \frac{1}{\sqrt{1 + \cot^2\alpha_0}}$$

并代入式(A-11)的第一及第二式,得最大及最小两个主惯性矩的计算公式为

$$I_{\min}^{\max} = \frac{I_y + I_z}{2} \pm \sqrt{\left(\frac{I_y - I_z}{2}\right) + I_{yz}^2} \tag{A-14}$$

式中根式左侧正号对应于惯性矩的极大值,负号用于计算极小值。

通过形心的主轴称为**形心主轴**,对形心主轴的惯性矩称为**形心主惯性矩**。当式(A-13)及式(A-14)中的 I_y、I_z 及 I_{yz} 为形心轴的惯性矩及惯性积时,所求得的即为形心主轴的位置及形心主惯性矩。

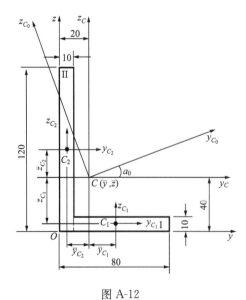

图 A-12

例 A-7　求图 A-12 所示截面图形

形心主轴的位置及形心主惯性矩。

解　将截面图形视为由 I、II 两个矩形组合而成。

(1)选坐标系。

过两矩形的边缘线取 yOz 坐标系,如图 A-12 所示。

(2)求形心 $C(\bar{y}、\bar{z})$

$$\bar{y} = \frac{\bar{y}_1 A_1 + \bar{y}_2 A_2}{A_1 + A_2} = \left(\frac{45 \times 700 + 5 \times 1200}{700 + 1200}\right) \text{mm} \approx 20 \text{ mm}$$

$$\bar{z} = \frac{\bar{z}_1 A_1 + \bar{z}_2 A_2}{A_1 + A_2} = \left(\frac{5 \times 700 + 60 \times 1200}{700 + 1200}\right) \text{mm} \approx 40 \text{ mm}$$

(3)求截面图形对形心轴的惯性矩及惯性积。

过形心 C 取 $y_C z_C$ 坐标系与 yOz 平行,并过两矩形的形心平行于 yOz 分别取 $y_{C_1} C_1 z_{C_1}$ 及 $y_{C_2} C_2 z_{C_2}$ 坐标系。首先求矩形 I、II 对 y_C、z_C 轴的惯性矩 $I_{y_C}^{I}$、$I_{y_C}^{II}$、$I_{z_C}^{I}$、$I_{z_C}^{II}$ 及惯性积 $I_{y_C z_C}^{I}$、$I_{y_C z_C}^{II}$。矩形 I、II 的形心 C_1、C_2 在 $y_C C z_C$ 坐标系上的坐标分别为

$$\bar{y}_{C_1} = 25 \text{ mm}, \quad \bar{z}_{C_1} = -35 \text{mm}$$

$$\bar{y}_{C_2} = -15 \text{ mm}, \quad \bar{z}_{C_2} = 20 \text{ mm}$$

矩形 I:

$$I_{y_C}^{I} = I_{y_{C_1}}^{I} + \bar{z}_{C_1}^2 A_1 = \left[\frac{70 \times 10^3}{12} + (-35)^2 \times 700\right] \text{mm}^4 = 863000 \text{ mm}^4$$

$$I_{z_C}^{I} = I_{z_{C_1}}^{I} + \bar{y}_{C_1}^2 A_1 = \left(\frac{10 \times 70^3}{12} + 25^2 \times 700\right) \text{mm}^4 = 723000 \text{ mm}^4$$

$$I_{y_C z_C}^{I} = I_{y_{C_1} z_{C_1}}^{I} + \bar{y}_{C_1} \bar{z}_{C_1} A_1 = [0 + 25 \times (-35) \times 700] \text{mm}^4 = -613000 \text{ mm}^4$$

矩形 II:

$$I_{y_C}^{II} = I_{y_{C_2}}^{II} + \bar{z}_{C_2}^2 A_2 = \left(\frac{10 \times 120^3}{12} + 20^2 \times 1200\right) \text{mm}^4 = 1920000 \text{mm}^4$$

$$I_{z_C}^{II} = I_{z_{C_2}}^{II} + \bar{y}_{C_2}^2 A_2 = \left[\frac{120 \times 10^3}{12} + (-15)^2 \times 1200\right] \text{mm}^4 = 280000 \text{ mm}^4$$

$$I_{y_C z_C}^{II} = I_{y_{C_2} z_{C_2}}^{II} + \bar{y}_{C_2} \bar{z}_{C_2} A_2 = [0 + (-15) \times 20 \times 1200] \text{mm}^4 = -360000 \text{ mm}^4$$

截面图形由矩形 I、II 组合而成,其对 y_C、z_C 轴的惯性矩 I_{y_C}、I_{z_C} 及惯性积 $I_{y_C z_C}$ 分别等于矩形 I、II 相应的惯性矩及惯性积之和。

$$I_{y_C} = I_{y_C}^{I} + I_{y_C}^{II} = (863000 + 1920000) \text{mm}^4 = 2783000 \text{ mm}^4$$

$$I_{z_C} = I_{z_C}^{I} + I_{z_C}^{II} = (723000 + 280000) \text{mm}^4 = 1003000 \text{ mm}^4$$

$$I_{y_C z_C} = I_{y_C z_C}^{I} + I_{y_C z_C}^{II} = (-613000 - 360000) \text{mm}^4 = -973000 \text{ mm}^4$$

(4)求形心主轴位置及形心主惯性矩

$$\tan 2\alpha_0 = -\frac{2I_{y_C z_C}}{I_{y_C} - I_{z_C}} = -\frac{2 \times (-973000)}{2783000 - 1003000} = 1.093$$

由此得
$$\alpha_0 = 23.8°, \quad 113.8°$$

即形心主轴 y_{C_0} 及 z_{C_0} 与 y_C 轴夹角分别为 23.8°及 113.8°，如图 A.12 所示。

形心主惯性矩为

$$I_{\min}^{\max} = \frac{I_{y_C} + I_{z_C}}{2} \pm \sqrt{\left(\frac{I_{y_C} - I_{z_C}}{2}\right) + I_{y_C z_C}^2}$$

$$= \left[\frac{2783000 + 1003000}{2} \pm \sqrt{\left(\frac{2783000 - 1003000}{2}\right)^2 + (-973000)^2}\right] \text{mm}^4$$

$$= \begin{cases} 3210000 \text{ mm}^4 \\ 574000 \text{ mm}^4 \end{cases}$$

表 A-1 中给出了几种常用截面图形有关几何量的数据。附录 B 中列有几种型钢截面图形的几何量。

表 A-1　几种常用截面图形的几何性质

序号	名称	图形	面积	形心坐标 $C(\bar{y}, \bar{z})$	惯性矩
1	矩形	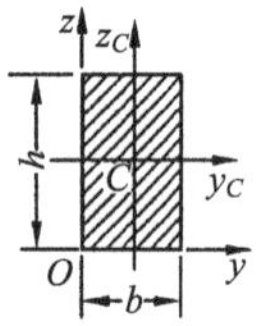	bh	$\bar{y} = \dfrac{b}{2}$ $\bar{z} = \dfrac{h}{2}$	$I_{y_C} = \dfrac{bh^3}{12}$
2	圆形	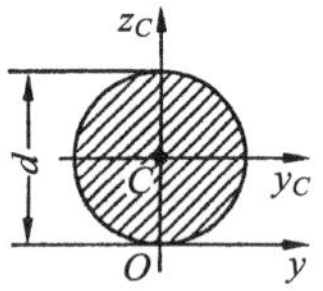	$\dfrac{\pi d^2}{4}$	$\bar{y} = 0$ $\bar{z} = \dfrac{d}{2}$	$I_{y_C} = \dfrac{\pi d^4}{64}$
3	三角形	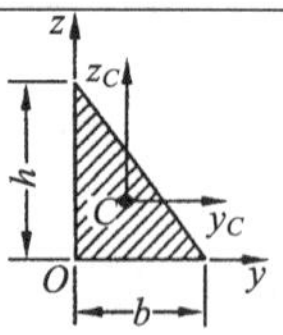	$\dfrac{1}{2}bh$	$\bar{y} = \dfrac{b}{3}$ $\bar{z} = \dfrac{h}{3}$	$I_{y_C} = \dfrac{bh^3}{36}$
4	梯形	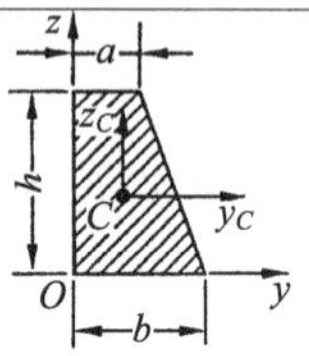	$\dfrac{1}{2}(a+b)h$	$\bar{y} = \dfrac{a^2 + ab + b^2}{3(a+b)}$ $\bar{z} = \dfrac{b+2a}{3(a+b)}h$	$I_{y_C} = \dfrac{h^3(b^2 + 4ab - a^2)}{36(a+b)}$

续表

序号	名称	图形	面积	形心坐标 $C(\bar{y},\bar{z})$	惯性矩
5	半圆形		$\dfrac{\pi d^2}{8}$	$\bar{y}=0$ $\bar{z}=\dfrac{2d}{3\pi}$ $=0.2122\,d$	$I_{y_C}\approx 0.00686d^4$
6	椭圆形		$\dfrac{\pi}{4}ab$	$\bar{y}=0$ $\bar{z}=\dfrac{b}{2}$	$I_{y_C}=\dfrac{\pi ab^3}{64}$
7	扇形		$\alpha\dfrac{d^2}{4}$	$\bar{y}=0$ $\bar{z}=d\dfrac{\sin\alpha}{3\alpha}$	$I_{y_C}=\dfrac{d^4}{46}\Big[\alpha+\sin\alpha\cos\alpha$ $-\dfrac{16\sin^2\alpha}{9\alpha}\Big]$

习 题

A-1 试求习题中 A-1 图形的形心坐标。

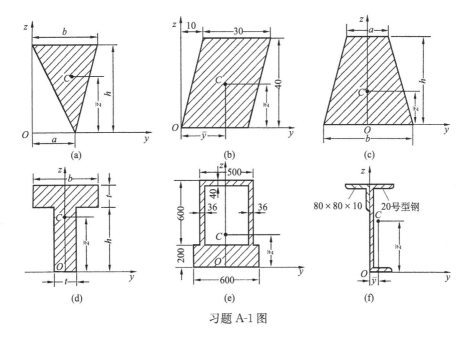

习题 A-1 图

A-2　求习题 A-2 图中图形对 y、z 轴的惯性矩。

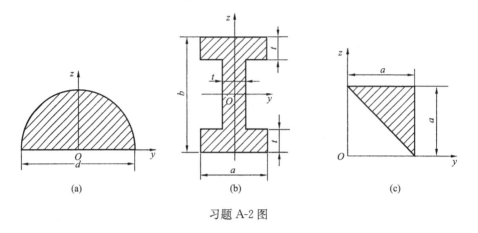

习题 A-2 图

A-3　求习题 A-3 图中组合图形对形心轴 y_C 的惯性矩。

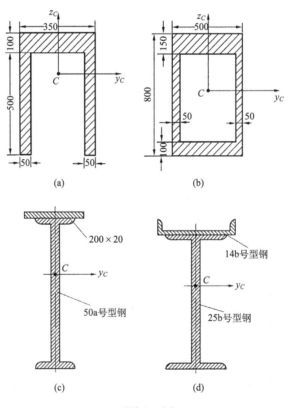

习题 A-3 图

A-4　画出习题 A-4 图中各图形主形心惯性轴的大概位置,并在每个图形中区别两个主形心惯性矩的大小。

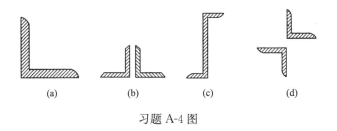

(a)　　　　　(b)　　　　　(c)　　　　　(d)

习题 A-4 图

A-5　求过习题 A-5 图中点 O 的主轴及主惯性矩。

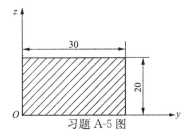

习题 A-5 图

附录 B 型 钢 表

表 B-1 热轧等边角钢 (GB 9787—88)

符号意义:
b——边宽度;
d——边厚度;
r——内圆弧半径;
r_1——边端内圆弧半径;
I——惯性矩;
i——惯性半径;
W——抗弯截面系数;
z_0——重心距离

| 角钢号数 | 尺寸/mm | | | 截面面积 /cm² | 理论重量 /(kg/m) | 外表面积 /(m²/m) | 参考数值 | | | | | | | | | | |
| | b | d | r | | | | x—x | | | x_0—x_0 | | | y_0—y_0 | | | x_1—x_1 | z_0 /cm |
							I_x /cm⁴	i_x /cm	W_x /cm³	I_{x0} /cm⁴	i_{x0} /cm	W_{x0} /cm³	I_{y0} /cm⁴	i_{y0} /cm	W_{y0} /cm³	I_{x1} /cm⁴	
2	20	3	3.5	1.132	0.889	0.078	0.40	0.59	0.29	0.63	0.75	0.45	0.17	0.39	0.20	0.81	0.60
	20	4		1.459	1.145	0.077	0.50	0.58	0.36	0.78	0.73	0.55	0.22	0.38	0.24	1.09	0.64
2.5	25	3		1.432	1.124	0.098	0.82	0.76	0.46	1.29	0.95	0.73	0.34	0.49	0.33	1.57	0.73
	25	4		1.859	1.459	0.097	1.03	0.74	0.59	1.62	0.93	0.92	0.43	0.48	0.40	2.11	0.76

续表

角钢号数	尺寸/mm			截面面积/cm²	理论重量/kg/m	外表面积/m²/m	参考数值												
	b	d	r				x—x			x₀—x₀			y₀—y₀			x₁—x₁	z₀/cm
							I_x/cm⁴	i_x/cm	W_x/cm³	I_{x0}/cm⁴	i_{x0}/cm	W_{x0}/cm³	I_{y0}/cm⁴	i_{y0}/cm	W_{y0}/cm³	I_{x1}/cm⁴	
3.0	30	3	4.5	1.749	1.373	0.117	1.46	0.91	0.68	2.31	1.15	1.09	0.61	0.59	0.51	2.71	0.85
		4		2.276	1.786	0.117	1.84	0.90	0.87	2.92	1.13	1.37	0.77	0.58	0.62	3.63	0.89
3.6	36	3	4.5	2.109	1.656	0.141	2.58	1.11	0.99	4.09	1.39	1.61	1.07	0.71	0.76	4.68	1.00
		4		2.756	2.163	0.141	3.29	1.09	1.28	5.22	1.38	2.05	1.37	0.70	0.93	6.25	1.04
		5		3.382	2.654	0.141	3.95	1.08	1.56	6.24	1.36	2.45	1.65	0.70	1.09	7.84	1.07
4.0	40	3	5	2.359	1.852	0.157	3.59	1.23	1.23	5.69	1.55	2.01	1.49	0.79	0.96	6.41	1.09
		4		3.086	2.422	0.157	4.60	1.22	1.60	7.29	1.54	2.58	1.91	0.79	1.19	8.56	1.13
		5		3.791	2.976	0.156	5.53	1.21	1.96	8.76	1.52	3.01	2.30	0.78	1.39	10.74	1.17
4.5	45	3	5	2.659	2.088	0.177	5.17	1.40	1.58	8.20	1.76	2.58	2.14	0.90	1.24	9.12	1.22
		4		3.486	2.736	0.177	6.65	1.38	2.05	10.56	1.74	3.32	2.75	0.89	1.54	12.18	1.26
		5		4.292	3.369	0.176	8.04	1.37	2.51	12.74	1.72	4.00	3.33	0.88	1.81	15.25	1.30
		6		5.076	3.985	0.176	9.33	1.36	2.95	14.76	1.70	4.64	3.89	0.88	2.06	18.36	1.33
5	50	3	5.5	2.971	2.332	0.197	7.18	1.55	1.96	11.37	1.96	3.22	2.98	1.00	1.57	12.50	1.34
		4		3.897	3.059	0.197	9.26	1.54	2.56	14.70	1.94	4.16	3.82	0.99	1.96	16.60	1.38
		5		4.803	3.770	0.196	11.21	1.53	3.13	17.79	1.92	5.03	4.64	0.98	2.31	20.90	1.42
		6		5.688	4.465	0.196	13.05	1.52	3.68	20.68	1.91	5.85	5.42	0.98	2.63	25.14	1.46
5.6	56	3	6	3.343	2.624	0.221	10.19	1.75	2.48	16.14	2.20	4.08	4.24	1.13	2.02	17.56	1.48
		4		4.390	3.446	0.220	13.18	1.73	3.24	20.92	2.18	5.28	5.46	1.11	2.52	23.43	1.53
		5		5.415	4.251	0.220	16.02	1.72	3.97	25.42	2.17	6.42	6.61	1.10	2.98	29.33	1.57
		8		8.367	6.568	0.219	23.63	1.68	6.03	37.37	2.11	9.44	9.89	1.09	4.16	47.24	1.68

续表

角钢号数	尺寸/mm b	d	r	截面面积/cm²	理论重量/kg/m	外表面积/m²/m	参考数值 x—x Ix/cm⁴	ix/cm	Wx/cm³	x0—x0 Ix0/cm⁴	ix0/cm	Wx0/cm³	y0—y0 Iy0/cm⁴	iy0/cm	Wy0/cm³	x1—x1 Ix1/cm⁴	z0/cm
6.3	63	4	7	4.978	3.907	0.248	19.03	1.96	4.13	30.17	2.46	6.78	7.89	1.26	3.29	33.35	1.70
		5		6.143	4.822	0.248	23.17	1.94	5.08	36.77	2.45	8.25	9.57	1.25	3.90	41.73	1.74
		6		7.288	5.721	0.247	27.12	1.93	6.00	43.03	2.43	9.66	11.20	1.24	4.46	50.14	1.78
		8		9.515	7.469	0.247	34.46	1.90	7.75	54.56	2.40	12.25	14.33	1.23	5.47	67.11	1.85
		10		11.657	9.151	0.246	41.09	1.88	9.39	64.85	2.36	14.56	17.33	1.22	6.36	84.31	1.93
7	70	4	8	5.570	4.372	0.275	26.39	2.18	5.14	41.80	2.74	8.44	10.99	1.40	4.17	45.74	1.86
		5		6.875	5.397	0.275	32.21	2.16	6.32	51.08	2.73	10.32	13.34	1.39	4.95	57.21	1.91
		6		8.160	6.406	0.275	37.77	2.15	7.48	59.93	2.71	12.11	15.61	1.38	5.67	68.73	1.95
		7		9.424	7.398	0.275	43.09	2.14	8.59	68.35	2.69	13.81	17.82	1.38	6.34	80.29	1.99
		8		10.667	8.373	0.274	48.17	2.12	9.68	76.37	2.68	15.43	19.98	1.37	6.98	91.92	2.03
7.5	75	5	9	7.367	5.818	0.295	39.97	2.33	7.32	63.30	2.92	11.94	16.63	1.50	5.77	70.56	2.04
		6		8.797	6.905	0.294	46.95	2.31	8.64	74.38	2.90	14.02	19.51	1.49	6.67	84.55	2.07
		7		10.160	7.976	0.294	53.57	2.30	9.93	84.96	2.89	16.02	22.18	1.48	7.44	98.71	2.11
		8		11.503	9.030	0.294	59.96	2.28	11.20	95.07	2.88	17.93	24.86	1.47	8.19	112.97	2.15
		10		14.126	11.089	0.293	71.98	2.26	13.64	113.92	2.84	21.48	30.05	1.46	9.56	141.71	2.22
8	80	5	9	7.912	6.211	0.315	48.79	2.48	8.34	77.33	3.13	13.67	20.25	1.60	6.66	85.36	2.15
		6		9.397	7.376	0.314	57.35	2.47	9.87	90.98	3.11	16.08	23.72	1.59	7.65	102.50	2.19
		7		10.860	8.525	0.314	65.58	2.46	11.37	104.07	3.10	18.40	27.09	1.58	8.58	119.70	2.23
		8		12.303	9.658	0.314	73.49	2.44	12.83	116.60	3.08	20.61	30.39	1.57	9.46	136.97	2.27
		10		15.126	11.874	0.313	88.43	2.42	15.64	140.09	3.04	24.76	36.77	1.56	11.08	171.74	2.35

续表

角钢号数	尺寸/mm			截面面积/cm²	理论重量/kg·m⁻¹	外表面积/m²·m⁻¹	参 考 数 值												
	b	d	r				x—x			x0—x0			y0—y0			x1—x1	z0			
							I_x/cm⁴	i_x/cm	W_x/cm³	I_{x0}/cm⁴	i_{x0}/cm	W_{x0}/cm³	I_{y0}/cm⁴	i_{y0}/cm	W_{y0}/cm³	I_{x1}/cm⁴	/cm			
9	90	6	10	10.637	8.350	0.354	82.77	2.79	12.61	131.26	3.51	20.63	34.28	1.80	9.95	145.87	2.44			
		7		12.301	9.656	0.354	94.83	2.78	14.54	150.47	3.50	23.64	39.18	1.78	11.19	170.30	2.48			
		8		13.944	10.946	0.353	106.47	2.76	16.42	168.97	3.48	26.55	43.97	1.78	12.35	194.80	2.52			
		10		17.167	13.476	0.353	128.58	2.74	20.07	203.90	3.45	32.04	53.26	1.76	14.52	244.07	2.59			
		12		20.306	15.940	0.352	149.22	2.71	23.57	236.21	3.41	37.12	62.22	1.75	16.49	293.76	2.67			
10	100	6	12	11.932	9.366	0.393	114.95	3.01	15.68	181.98	3.90	25.74	47.92	2.00	12.69	200.07	2.67			
		7		13.796	10.830	0.393	131.86	3.09	18.10	208.97	3.89	29.55	54.74	1.99	14.26	233.54	2.71			
		8		15.638	12.276	0.393	148.24	3.08	20.47	235.07	3.88	33.24	61.41	1.98	15.75	267.09	2.76			
		10		19.261	15.120	0.392	179.51	3.05	25.06	284.68	3.84	40.26	74.35	1.96	18.54	334.48	2.84			
		12		22.800	17.898	0.391	208.90	3.03	29.48	330.95	3.81	46.80	86.84	1.95	21.08	402.34	2.91			
		14		26.256	20.611	0.391	236.53	3.00	33.73	374.06	3.77	52.90	99.00	1.94	23.44	470.75	2.99			
		16		29.627	23.257	0.390	262.53	2.98	37.82	414.16	3.74	58.57	110.89	1.94	25.63	539.80	3.06			
11	110	7	12	15.196	11.928	0.433	177.16	3.41	22.05	280.94	4.30	36.12	73.38	2.20	17.51	310.64	2.96			
		8		17.238	13.532	0.433	199.46	3.40	24.95	316.49	4.28	40.69	82.42	2.19	19.39	355.20	3.01			
		10		21.261	16.690	0.432	242.19	3.38	30.60	384.39	4.25	49.42	99.98	2.17	22.91	444.65	3.09			
		12		25.200	19.782	0.431	282.55	3.35	36.05	448.17	4.22	57.62	116.93	2.15	26.15	534.60	3.16			
		14		29.056	22.809	0.431	320.71	3.32	41.31	508.01	4.18	65.31	133.40	2.14	29.14	625.16	3.24			
12.5	125	8	14	19.750	15.504	0.492	297.03	3.88	32.52	470.89	4.88	53.28	123.16	2.50	25.86	521.01	3.37			
		10		24.373	19.133	0.491	361.67	3.85	39.97	573.89	4.85	64.93	149.46	2.48	30.62	651.93	3.45			
		12		28.912	22.696	0.491	423.16	3.83	41.17	671.44	4.82	75.96	174.88	2.46	35.03	783.42	3.53			
		14		33.367	26.193	0.490	481.65	3.80	54.16	763.73	4.78	86.41	199.57	2.45	39.13	915.61	3.61			

续表

角钢号数	尺寸/mm			截面面积/cm²	理论重量/kg/m	外表面积/m²/m	参考数值													
	b	d	r				x—x			x0—x0			y0—y0			x1—x1	z0
							I_x/cm⁴	i_x/cm	W_x/cm³	I_{x0}/cm⁴	i_{x0}/cm	W_{x0}/cm³	I_{y0}/cm⁴	i_{y0}/cm	W_{y0}/cm³	I_{x1}/cm⁴	z_0/cm
14	140	10	14	27.373	21.488	0.551	514.65	4.34	50.58	817.27	5.46	82.56	212.04	2.78	39.20	915.11	3.82
		12		32.512	25.522	0.551	603.68	4.31	59.80	958.79	5.43	96.85	248.57	2.76	45.02	1099.28	3.90
		14		37.567	29.490	0.550	688.81	4.28	68.75	1093.56	5.40	110.47	284.06	2.75	50.45	1284.22	3.98
		16		42.539	33.393	0.549	770.24	4.26	77.46	1221.81	5.36	123.42	318.67	2.74	55.55	1470.07	4.06
16	160	10	16	31.502	24.729	0.630	779.53	4.98	66.70	1237.30	6.27	109.36	321.76	3.20	52.76	1365.33	4.31
		12		37.441	29.391	0.630	916.58	4.95	78.98	1455.68	6.24	128.67	377.49	3.18	60.74	1639.57	4.39
		14		43.296	33.987	0.629	1048.36	4.92	90.95	1665.02	6.20	147.17	431.70	3.16	68.244	1914.68	4.47
		16		49.067	38.518	0.629	1175.08	4.89	102.63	1865.57	6.17	164.89	484.59	3.14	75.31	2190.82	4.55
18	180	12	16	42.241	33.159	0.710	1321.35	5.59	100.82	2100.10	7.05	165.00	542.61	3.58	78.41	2332.80	4.89
		14		48.896	38.388	0.709	1514.48	5.56	116.25	2407.42	7.02	189.14	625.53	3.56	88.38	2723.48	4.97
		16		55.467	43.542	0.709	1700.99	5.54	131.13	2703.37	6.98	212.40	698.60	3.55	97.83	3115.29	5.05
		18		61.955	48.634	0.708	1875.12	5.50	145.64	2988.24	6.94	234.78	762.01	3.51	105.14	3502.43	5.13
20	200	14	18	54.642	42.894	0.788	2103.55	6.20	144.70	3343.26	7.82	236.40	863.83	3.98	111.82	3734.10	5.46
		16		62.013	48.680	0.788	2366.15	6.18	163.65	3760.89	7.79	265.93	971.41	3.96	123.96	4270.39	5.54
		18		69.301	54.401	0.787	2620.64	6.15	182.22	4164.54	7.75	294.48	1076.74	3.94	135.52	4808.13	5.62
		20		76.505	60.056	0.787	2867.30	6.12	200.42	4554.55	7.72	322.06	1180.04	3.93	146.55	5347.51	5.69
		24		90.661	71.168	0.785	2338.25	6.07	236.17	5294.97	7.64	374.41	1381.53	3.90	166.55	6457.16	5.87

注：截面图中的 $r_1 = \frac{1}{3} d$ 及表中 r 值的数据用于孔型设计，不作交货条件。

表 B-2 热轧不等边角钢 (GB 9788—88)

符号意义:

B——长边宽度; b——短边宽度;
d——边厚度; r——内圆弧半径;
r_1——边端内圆弧半径; I——惯性矩;
i——惯性半径; W——抗弯截面系数;
x_0——重心距离; y_0——重心距离

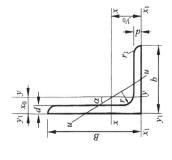

角钢号数	尺寸/mm B	b	d	r	截面面积 /cm²	理论重量 /(kg/m)	外表面积 /(m²/m)	x—x I_x /cm⁴	i_x /cm	W_x /cm³	y—y I_y /cm⁴	i_y /cm	W_y /cm³	$x_1—x_1$ I_{x1} /cm⁴	y_0 /cm	$y_1—y_1$ I_{y1} /cm⁴	x_0 /cm	u—u I_u /cm⁴	i_u /cm	W_u /cm³	tanα
2.5/1.6	25	16	3	3.5	1.162	0.912	0.080	0.70	0.78	0.43	0.22	0.44	0.19	1.56	0.86	0.43	0.42	0.14	0.34	0.16	0.392
			4		1.499	1.176	0.079	0.88	0.77	0.55	0.27	0.43	0.24	2.09	0.90	0.59	0.46	0.17	0.34	0.20	0.381
3.2/2	32	20	3	3.5	1.492	1.171	0.102	1.53	1.01	0.72	0.46	0.55	0.30	3.27	1.08	0.82	0.49	0.28	0.43	0.25	0.382
			4		1.939	1.522	0.101	1.93	1.00	0.93	0.57	0.54	0.39	4.37	1.12	1.12	0.53	0.35	0.42	0.32	0.374
4/2.5	40	25	3	4	1.890	1.484	0.127	3.08	1.28	1.15	0.93	0.70	0.49	6.39	1.32	1.59	0.59	0.56	0.54	0.40	0.386
			4		2.467	1.936	0.127	3.93	1.26	1.49	1.18	0.69	0.63	8.53	1.37	2.14	0.63	0.71	0.54	0.52	0.381
4.5/2.8	45	28	3	5	2.149	1.687	0.143	4.45	1.44	1.47	1.34	0.79	0.62	9.10	1.47	2.23	0.64	0.80	0.61	0.51	0.383
			4		2.806	2.203	0.143	5.69	1.42	1.91	1.70	0.78	0.80	12.13	1.51	3.00	0.68	1.02	0.60	0.66	0.380

续表

角钢号数	尺寸/mm B	b	d	r	截面面积/cm²	理论重量/kg·m	外表面积/m²·m	参考数值 x—x I_x/cm⁴	i_x/cm	W_x/cm³	y—y I_y/cm⁴	i_y/cm	W_y/cm³	x_1—x_1 I_{x1}/cm⁴	y_0/cm	y_1—y_1 I_{x1}/cm⁴	x_0/cm	u—u I_u/cm⁴	i_u/cm	W_u/cm³	tanα
5/3.2	50	32	3	5.5	2.431	1.908	0.161	6.24	1.60	1.84	2.02	0.91	0.82	12.49	1.60	3.31	0.73	1.20	0.70	0.68	0.404
			4		3.177	2.494	0.160	8.02	1.59	2.39	2.58	0.90	1.06	16.65	1.65	4.45	0.77	1.53	0.69	0.87	0.402
5.6/3.6	56	36	3	6	2.743	2.153	0.181	8.88	1.80	2.32	2.92	1.03	1.05	17.54	1.78	4.70	0.80	1.73	0.79	0.87	0.408
			4		3.590	2.818	0.180	11.45	1.79	3.03	3.76	1.02	1.37	23.39	1.82	6.33	0.85	2.23	0.79	1.13	0.408
			5		4.415	3.466	0.180	13.86	1.77	3.71	4.49	1.01	1.65	29.25	1.87	7.94	0.88	2.67	0.78	1.36	0.404
6.3/4	63	40	4	7	4.058	3.185	0.202	16.49	2.02	3.87	5.23	1.14	1.70	33.30	2.04	8.63	0.92	3.12	0.88	1.40	0.398
			5		4.993	3.920	0.202	20.02	2.00	4.74	6.31	1.12	2.71	41.63	2.08	10.86	0.95	3.76	0.87	1.71	0.396
			6		5.908	4.638	0.201	23.36	1.96	5.59	7.29	1.11	2.43	49.98	2.12	13.12	0.99	4.34	0.86	1.99	0.393
			7		6.802	5.339	0.201	26.53	1.98	6.40	8.24	1.10	2.78	58.07	2.15	15.47	1.03	4.97	0.86	2.29	0.389
7/4.5	70	45	4	7.5	4.547	3.570	0.226	23.17	2.26	4.86	7.55	1.29	2.17	45.92	2.24	12.26	1.02	4.40	0.98	1.77	0.410
			5		5.609	4.403	0.225	27.95	2.23	5.92	9.13	1.28	2.65	57.10	2.28	15.39	1.06	5.40	0.98	2.19	0.407
			6		6.647	5.218	0.225	32.54	2.21	6.95	10.62	1.26	3.12	68.35	2.32	18.58	1.09	6.35	0.98	2.59	0.404
			7		7.657	6.011	0.225	37.22	2.20	8.03	12.01	1.25	3.57	79.99	2.36	21.84	1.13	7.16	0.97	2.94	0.402
(7.5/5)	75	50	5	8	6.125	4.808	0.245	34.86	2.39	6.83	12.61	1.44	3.30	70.00	2.40	21.04	1.17	7.41	1.10	2.74	0.435
			6		7.260	5.699	0.245	41.12	2.38	8.12	14.70	1.42	3.88	84.30	2.44	25.37	1.21	8.54	1.08	3.19	0.435
			8		9.467	7.431	0.244	52.39	2.35	10.52	18.53	1.40	4.99	112.50	2.52	34.23	1.29	10.87	1.07	4.10	0.429
			10		11.590	9.098	0.244	62.71	2.33	12.79	21.96	1.38	6.04	140.80	2.60	43.43	1.36	13.10	1.06	4.99	0.423

续表

角钢号数	尺寸/mm B	b	d	r	截面面积/cm²	理论重量/kg/m	外表面积/m²/m	$x-x$ I_x/cm⁴	i_x/cm	W_x/cm³	$y-y$ I_y/cm⁴	i_y/cm	W_y/cm³	x_1-x_1 I_{x1}/cm⁴	y_0/cm	y_1-y_1 I_{y1}/cm⁴	x_0/cm	$u-u$ I_u/cm⁴	i_u/cm	W_u/cm³	$\tan\alpha$
8/5	80	50	5	8	6.375	5.005	0.255	41.96	2.56	7.78	12.82	1.42	3.32	85.21	2.60	21.06	1.14	7.66	1.10	2.74	0.388
			6		7.560	5.935	0.255	49.49	2.56	9.25	14.95	1.41	3.91	102.53	2.65	25.41	1.18	8.85	1.08	3.20	0.387
			7		8.724	6.848	0.255	56.16	2.54	10.58	16.96	1.39	4.48	119.33	2.69	29.82	1.21	10.18	1.08	3.70	0.384
			8		9.867	7.745	0.254	62.83	2.52	11.92	18.85	1.38	5.03	136.41	2.73	34.32	1.25	11.38	1.07	4.16	0.381
9/5.6	90	56	5	9	7.212	5.661	0.287	60.45	2.90	9.92	18.32	1.59	4.21	121.32	2.91	29.53	1.25	10.98	1.23	3.49	0.385
			6		8.557	6.717	0.286	71.03	2.88	11.74	21.42	1.58	4.96	145.59	2.95	35.58	1.29	12.90	1.23	4.18	0.384
			7		9.880	7.756	0.286	81.01	2.86	13.49	24.36	1.57	5.70	169.66	3.00	41.71	1.33	14.67	1.22	4.72	0.382
			8		11.183	8.779	0.286	91.03	2.85	15.27	27.15	1.56	6.41	194.17	3.04	47.93	1.36	16.34	1.21	5.29	0.380
10/6.3	100	63	6	10	9.617	7.550	0.320	99.06	3.21	14.64	30.94	1.79	6.35	199.71	3.24	50.50	1.43	18.42	1.38	5.25	0.394
			7		11.111	8.722	0.320	113.45	3.29	16.88	35.26	1.78	7.29	233.00	3.28	59.14	1.47	21.00	1.38	6.02	0.393
			8		12.584	9.878	0.319	127.37	3.18	19.08	39.39	1.77	8.21	266.32	3.32	67.88	1.50	23.50	1.37	6.78	0.391
			10		15.467	12.142	0.319	153.81	3.15	23.32	47.12	1.74	9.98	333.06	3.40	85.73	1.58	28.33	1.35	8.24	0.387
10/8	100	80	6	10	10.637	8.350	0.354	107.04	3.17	15.19	61.24	2.40	10.16	199.83	2.95	102.68	1.97	31.65	1.72	8.37	0.627
			7		12.301	9.656	0.354	122.73	3.16	17.52	70.08	2.39	11.71	233.20	3.00	119.98	2.01	36.17	1.72	9.60	0.626
			8		13.944	10.946	0.353	137.92	3.14	19.81	78.58	2.37	13.21	266.61	3.04	137.37	2.05	40.58	1.71	10.80	0.625
			10		17.167	13.476	0.353	166.87	3.12	24.24	94.65	2.35	16.12	333.63	3.12	172.48	2.13	49.10	1.69	13.12	0.622

续表

角钢号数	尺寸/mm B	b	d	r	截面面积/cm²	理论重量/kg/m	外表面积/m²/m	参考数值 x−x I_x/cm⁴	i_x/cm	W_x/cm³	y−y I_y/cm⁴	i_y/cm	W_y/cm³	x₁−x₁ I_{x1}/cm⁴	y_0/cm	y₁−y₁ I_{x1}/cm⁴	x_0/cm	u−u I_u/cm⁴	i_u/cm	W_u/cm³	tanα
11/7	110	70	6	10	10.637	8.350	0.354	133.37	3.54	17.85	42.92	2.01	7.90	265.78	3.53	69.08	1.57	25.36	1.54	6.53	0.403
			7		12.301	9.656	0.354	153.00	3.53	20.60	49.01	2.00	9.09	310.07	3.57	80.82	1.61	28.95	1.53	7.50	0.402
			8		13.944	10.946	0.353	172.04	3.51	23.30	54.87	1.98	10.25	354.39	3.62	92.70	1.65	32.45	1.53	8.45	0.401
			10		17.167	13.476	0.353	208.39	3.48	28.54	65.88	1.96	12.48	443.13	3.70	116.83	1.72	39.20	1.51	10.29	0.397
12.5/8	125	80	7	11	14.096	11.066	0.403	277.98	4.02	26.86	74.42	2.30	12.01	454.99	4.01	120.32	1.80	43.81	1.76	9.92	0.408
			8		15.989	12.551	0.403	256.77	4.01	30.41	83.49	2.28	13.56	519.99	4.06	137.85	1.84	49.15	1.75	11.18	0.407
			10		19.712	15.474	0.402	312.04	3.98	37.33	100.67	2.26	16.56	650.09	4.14	173.40	1.92	59.45	1.74	13.64	0.404
			12		23.351	18.330	0.402	364.41	3.95	44.01	116.67	2.24	19.43	780.39	4.22	209.67	2.00	69.35	1.72	16.01	0.400
14/9	140	90	8	12	18.038	14.160	0.453	365.64	4.50	38.48	120.69	2.59	17.34	730.53	4.50	195.79	2.04	70.83	1.98	14.31	0.411
			10		22.261	17.475	0.452	445.50	4.47	47.31	146.03	2.56	21.22	913.20	4.58	245.92	2.12	85.82	1.96	17.48	0.409
			12		26.400	20.724	0.451	521.59	4.44	55.87	169.79	2.54	24.95	1096.09	4.66	296.89	2.19	100.21	1.95	20.54	0.406
			14		30.456	23.908	0.451	594.10	4.42	64.18	192.10	2.51	28.54	1279.26	4.74	348.82	2.27	114.13	1.94	23.52	0.403
16/10	160	100	10	13	25.315	19.872	0.512	668.69	5.14	62.13	205.03	2.85	26.56	1362.89	5.24	336.59	2.28	121.74	2.19	21.92	0.390
			12		30.054	23.592	0.511	784.91	5.11	73.49	239.06	2.82	31.28	1635.56	5.32	405.94	2.36	142.33	2.17	25.79	0.388
			14		34.709	27.247	0.510	896.30	5.08	84.56	271.20	2.80	35.83	1908.50	5.40	476.42	2.43	162.23	2.16	29.56	0.385
			16		39.281	30.835	0.510	1003.04	5.05	95.33	301.60	2.77	40.24	2181.79	5.48	548.22	2.51	182.57	2.16	33.44	0.382

续表

角钢号数	尺寸/mm				截面面积 /cm²	理论重量 /(kg/m)	外表面积 /(m²/m)	参 考 数 值														
	B	b	d	r				x—x			y—y			x₁—x₁		y₁—y₁		u—u			
								I_x /cm⁴	i_x /cm	W_x /cm³	I_y /cm⁴	i_y /cm	W_y /cm³	I_{x1} /cm⁴	y_0 /cm	I_{x1} /cm⁴	x_0 /cm	I_u /cm⁴	i_u /cm	W_u /cm³	$\tan\alpha$
18/11	180	110	10	14	28.373	22.273	0.571	956.25	5.80	78.96	278.11	3.13	32.49	1940.40	5.89	447.22	2.44	166.50	2.42	26.88	0.376
			12		33.712	26.464	0.571	1124.72	5.78	93.53	325.03	3.10	38.32	2328.38	5.98	538.94	2.52	194.87	2.40	31.66	0.374
			14		38.967	30.589	0.570	1286.91	5.75	107.76	369.55	3.08	43.97	2716.60	6.06	631.95	2.59	222.30	2.39	36.32	0.372
			16		44.139	34.649	0.569	1443.06	5.72	121.64	411.85	3.06	49.44	3105.15	6.14	726.46	2.67	248.94	2.38	40.87	0.369
20/12.5	200	125	12	14	37.912	29.761	0.641	1570.90	6.44	116.73	483.16	3.57	49.99	3193.85	6.54	787.74	2.83	285.79	2.74	41.23	0.392
			14		43.867	34.436	0.640	1800.97	6.41	134.65	550.83	3.54	57.44	3726.17	6.02	922.47	2.91	326.58	2.73	47.34	0.390
			16		49.739	39.045	0.639	2023.35	6.38	152.18	615.44	3.52	64.69	4258.86	6.70	1058.86	2.99	366.21	2.71	53.32	0.388
			18		55.526	43.588	0.639	2238.30	6.35	169.33	677.19	3.49	71.74	4792.00	6.78	1197.13	3.06	404.83	2.70	59.10	0.385

注:1. 括号内型号不推荐使用。

2. 截面图中的 $r_1=\frac{1}{3}d$ 及表中 r 的数据用于孔型设计,不作交货条件。

表 B-3　热轧普通槽钢（GB 707—88）

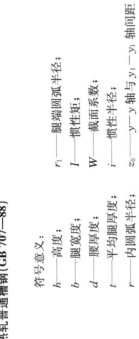

符号意义：

h——高度；
b——腿宽度；
d——腰厚度；
t——平均腿厚度；
r——内圆弧半径；
r_1——腿端圆弧半径；
I——惯性矩；
W——截面系数；
i——惯性半径；
z_0——y—y 轴与 y_1—y_1 轴间距

型号	尺寸/mm						截面面积 /cm²	理论重量 /kg·m	参考数值							
									x—x			y—y			y_1—y_1	z_0 /cm
	h	b	d	t	r	r_1			W_x/cm³	I_x/cm⁴	i_x/cm	W_y/cm³	I_y/cm⁴	i_y/cm	I_{y1}/cm⁴	
5	50	37	4.5	7	7	3.5	6.93	5.44	10.4	26	1.94	3.55	8.3	1.1	20.9	1.35
6.3	63	40	4.8	7.5	7.5	3.75	8.444	6.63	16.123	50.786	2.453	4.50	11.872	1.185	28.38	1.36
8	80	43	5	8	8	4	10.24	8.04	25.3	101.3	3.15	5.79	16.6	1.27	37.4	1.43
10	100	48	5.3	8.5	8.5	4.25	12.74	10	39.7	198.3	3.95	7.8	25.6	1.41	54.9	1.52
12.6	126	53	5.5	9	9	4.5	15.69	12.37	62.137	391.466	4.953	10.242	37.99	1.567	77.09	1.59
14a	140	58	6	9.5	9.5	4.75	18.51	14.53	80.5	563.7	5.52	13.01	53.2	1.7	107.1	1.71
14b	140	60	8	9.5	9.5	4.75	21.31	16.73	87.1	609.4	5.35	14.12	61.1	1.69	120.6	1.67
16a	160	63	6.5	10	10	5	21.95	17.23	108.3	866.2	6.28	16.3	73.3	1.83	144.1	1.8
16	160	65	8.5	10	10	5	25.15	19.74	116.8	934.5	6.1	17.55	83.4	1.82	160.8	1.75

续表

型号	尺寸/mm						截面面积/cm²	理论重量/kg/m	参考数值							
									x—x			y—y			y1—y1	z0
	h	b	d	t	r	r1			Wx/cm³	Ix/cm⁴	ix/cm	Wy/cm³	Iy/cm⁴	iy/cm	Iy1/cm⁴	/cm
18a	180	68	7	10.5	10.5	5.25	25.69	20.17	141.4	1272.7	7.04	20.03	98.6	1.96	189.7	1.88
18	180	70	9	10.5	10.5	5.25	29.29	22.99	152.2	1369.9	6.84	21.52	111	1.95	210.1	1.84
20a	200	73	7	11	11	5.5	28.83	22.63	178	1780.4	7.86	24.2	128	2.11	244	2.01
20	200	79	9	11	11	5.5	32.83	25.77	191.4	1913.7	7.64	25.88	143.6	2.09	268.4	1.95
22a	220	77	7	11.5	11.5	5.75	31.84	24.99	217.6	2393.9	8.67	28.17	157.8	2.23	298.2	2.1
22	220	79	9	11.5	11.5	5.75	36.24	28.45	233.8	2571.4	8.42	30.05	176.4	2.21	326.3	2.03
25a	250	78	7	12	12	6	34.91	27.47	269.597	3369.62	9.823	30.607	175.529	2.243	322.256	2.065
25b	250	80	9	12	12	6	39.91	31.39	282.402	3530.04	9.405	32.657	196.421	2.218	353.187	1.982
25c	250	82	12	12	12	6	44.91	35.32	295.236	3690.45	9.065	35.926	218.415	2.206	384.133	1.921
28a	280	82	7.5	12.5	12.5	6.25	40.02	31.42	340.328	4764.59	10.91	35.718	217.989	2.333	387.566	2.097
28b	280	84	9.5	12.5	12.5	6.25	45.62	35.81	366.46	5130.45	10.6	37.929	242.144	2.304	427.589	2.016
28c	280	86	11.5	12.5	12.5	6.25	51.22	40.21	392.594	5496.32	10.35	40.301	267.602	2.286	426.597	1.951
32a	320	88	8	14	14	7	48.7	38.22	474.879	7598.06	12.49	46.473	304.787	2.502	552.31	2.242
32b	320	90	10	14	14	7	55.1	43.25	509.012	8144.2	12.15	49.157	336.332	2.471	592.933	2.158
32c	320	92	12	14	14	7	61.5	48.28	543.145	8690.33	11.88	52.642	374.175	2.467	643.299	2.092
36a	360	96	9	16	16	8	60.89	47.8	659.7	11874.2	13.97	63.54	455	2.73	818.4	2.44
36b	360	98	11	16	16	8	68.09	53.45	702.9	12651.8	13.63	66.85	496.7	2.7	880.4	2.37
36c	360	100	13	16	16	8	75.29	50.1	746.1	13429.4	13.36	70.02	536.4	2.67	947.9	2.34
40a	400	100	10.5	18	18	9	75.05	58.91	878.9	17577.9	15.30	78.83	592	2.81	1067.7	2.49
40b	400	102	12.5	18	18	9	83.05	65.19	932.2	18644.5	14.98	82.52	640	2.78	1135.6	2.44
40c	400	104	14.5	18	18	9	91.05	71.47	985.6	19711.2	14.71	86.19	687.8	2.75	1220.7	2.42

注：截面图和表中标注的圆弧半径 r、r1 的数据用于孔型设计，不作交货条件。

表 B-4　热轧工字钢(GB 706—88)

符号意义:
h——高度;
b——腿宽度;
d——腰厚度;
t——平均腿厚度;
r——内圆弧半径;
r₁——腿端圆弧半径;
I——惯性矩;
W——截面系数;
i——惯性半径;
S——半截面的静矩

斜度 1:6

型号	尺寸/mm						截面面积 /cm²	理论重量 /kg/m	参考数值						
	h	b	d	t	r	r₁			x−x					y−y	
									I_x/cm⁴	W_x/cm³	i_x/cm	$I_x:S_x$/cm	I_y/cm⁴	W_y/cm³	i_y/cm
10	100	68	4.5	7.6	6.5	3.3	14.3	11.2	245	49	4.14	8.59	33	9.72	1.52
12.6	126	74	5	8.4	7	3.5	18.1	14.2	488.43	77.529	5.195	10.85	46.906	12.677	1.609
14	140	80	5.5	9.1	7.5	3.8	21.5	16.9	712	102	5.76	12	64.4	16.1	1.73
16	160	88	6	9.9	8	4	26.1	20.5	1130	141	6.58	13.8	93.1	21.2	1.89
18	180	94	6.5	10.7	8.5	4.3	30.6	24.1	1660	185	7.36	15.4	122	26	2
20a	200	100	7	11.4	9	4.5	35.5	27.9	2370	237	8.15	17.2	158	31.5	2.12
20b	200	102	9	11.4	9	4.5	39.5	31.1	2500	250	7.96	16.9	169	33.1	2.06
22a	220	110	7.5	12.3	9.5	4.8	42	33	3400	309	8.99	18.9	225	40.9	2.31
22b	220	112	9.5	12.3	9.5	4.8	46.4	36.4	3570	325	8.78	18.7	239	42.7	2.27
25a	250	116	8	13	10	5	48.5	38.1	5023.54	401.88	10.18	21.58	280.046	48.283	2.403
25b	250	118	10	13	10	5	53.5	42	5283.96	422.72	9.938	21.27	309.297	52.423	2.404
28a	280	122	8.5	13.7	10.5	5.3	55.45	43.4	7114.14	508.15	11.32	24.62	345.051	56.565	2.495
28b	280	124	10.5	13.7	10.5	5.3	61.05	47.9	7480	534.29	11.08	24.24	379.496	61.209	2.493

续表

型号	尺寸/mm						截面面积/cm²	理论重量/(kg/m)	参考数值						
									x—x				y—y		
	h	b	d	t	r	r₁			I_x/cm⁴	W_x/cm³	i_x/cm	$I_x:S_x$/cm	I_y/cm⁴	W_y/cm³	i_y/cm
32a	320	130	9.5	15	11.5	5.8	67.05	52.7	11075.5	629.2	12.84	27.46	459.93	70.758	2.619
32b	320	132	11.5	15	11.5	5.8	73.45	57.7	11621.4	726.33	12.58	27.09	501.53	75.989	2.614
32c	320	134	13.5	15	11.5	5.8	79.95	62.8	12167.5	760.47	12.34	26.77	543.81	81.166	2.608
36a	360	136	10	15.8	12	6	76.3	59.9	15760	875	14.4	30.7	552	81.2	2.69
36b	360	138	12	15.8	12	6	83.5	65.6	16530	919	14.1	30.3	582	84.3	2.64
36c	360	140	14	15.8	12	6	90.7	71.2	17310	962	13.8	29.9	612	87.4	2.6
40a	400	142	10.5	16.5	12.5	6.3	86.1	67.6	21720	1090	15.9	34.1	660	93.2	2.77
40b	400	144	12.5	16.5	12.5	6.3	94.1	73.8	22780	1140	15.6	33.6	692	96.2	2.71
40c	400	146	14.5	16.5	12.5	6.3	102	80.1	23850	1190	15.2	33.2	727	99.6	2.65
45a	450	150	11.5	18	13.5	6.8	102	80.4	32240	1430	17.7	38.6	855	114	2.89
45b	450	152	13.5	18	13.5	6.8	111	87.4	33760	1500	17.4	38	894	118	2.84
45c	450	154	15.5	18	13.5	6.8	120	94.5	35280	1570	17.1	37.6	938	122	2.79
50a	500	158	12	20	14	7	119	93.6	46470	1860	19.7	42.8	1120	142	3.07
50b	500	160	14	20	14	7	129	101	48560	1940	19.4	42.4	1170	146	3.01
50c	500	162	16	20	14	7	139	109	50640	2080	19	41.8	1220	151	2.96
56a	560	166	12.5	21	14.5	7.3	135.25	106.2	65585.6	2342.31	22.02	47.73	1370.16	165.08	3.182
56b	560	168	14.5	21	14.5	7.3	146.45	115	68512.5	2446.69	21.63	47.17	1486.75	174.25	3.162
56c	560	170	16.5	21	14.5	7.3	157.85	123.9	71439.4	2551.41	21.27	46.66	1558.39	183.34	3.158
63a	630	176	13	22	15	7.5	154.9	121.6	93916.2	2981.47	24.62	54.17	1700.55	193.24	3.314
63b	630	178	15	22	15	7.5	167.5	131.5	98083.6	3163.38	24.2	53.51	1812.07	203.6	3.289
63c	630	180	17	22	15	7.5	180.1	141	102251.1	3298.42	23.82	52.92	1924.91	213.88	3.268

注：截面图和表中标注的圆弧半径 r、r_1 的数据用于孔型设计，不作交货条件。

附录C 数字化资源与纸质教材关联索引

序号	形式	名称	书内页码
1	微课程	材料力学的任务（王春香主讲）	4
2	视频	MATLAB 编程简介	4
3	微课程	内力的概念　截面法（解维华主讲）	6
4	文档	确定梁横截面上剪力与弯矩的"截面规则"	11
5	文档	求解例 2-5 的 MATLAB 程序	16
6	文档	求解例 2-6 的 MATLAB 程序	16
7	文档	利用"叠加原理"绘制剪力图和弯矩图	17
8	动画	轴向拉伸	22
9	动画	轴向压缩	23
10	文档	圣维南原理	23
11	微课程	应力及一点应力状态的概念（解维华主讲）	26
12	文档	求解例 3-2 的 MATLAB 程序	33
13	文档	求解例 3-6 的 MATLAB 程序	43
14	文档	平面变形　应变分量与位移的关系	45
15	文档	平面应变分析的解析法	45
16	文档	应变测量概述	47
17	动画	圆轴扭转变形	72
18	微课程	圆轴扭转切应力公式推导（王春香主讲）	75
19	动画	纯弯曲变形	80
20	文档	求解例 5-5 的 MATLAB 程序	93
21	文档	有限差分法求梁变形	113
22	微课程	强度理论（徐忠海主讲）	123
23	文档	求解例 8-2 的 MATLAB 程序	135
24	文档	求解例 8-4 的 MATLAB 程序	141
25	文档	求解例 8-9 的 MATLAB 程序	147
26	文档	求解例 8-14 的 MATLAB 程序	156
27	动画	压杆失稳	167
28	微课程	稳定的概念 临界力公式推导（徐忠海主讲）	170
29	文档	求解例 9-3 的 MATLAB 程序	179
30	文档	课堂教学课件	
31	文档	习题解答参考*	

　*习题解答参考资源中还包含下列课后习题的 MATLAB 求解程序：2-3、2-6、3-2、3-5、5-5、6-8、8-2、8-9、
8-13、9-2。